给孩子的

抽象中的形象

图形的故事

张远南　张昶　著

清华大学出版社
北京

图书在版编目（CIP）数据

抽象中的形象：图形的故事/张远南，张昶著. —北京：清华大学出版社，2020.9
（2022.1重印）
（给孩子的数学故事书）
ISBN 978-7-302-55929-0

Ⅰ．①抽⋯ Ⅱ．①张⋯ ②张⋯ Ⅲ．①数学－青少年读物 Ⅳ．①O1-49

中国版本图书馆 CIP 数据核字（2020）第 116385 号

责任编辑：胡洪涛　王　华
封面设计：于　芳
责任校对：王淑云
责任印制：宋　林

出版发行：清华大学出版社
　　　　　　网　　址：http://www.tup.com.cn，http://www.wqbook.com
　　　　　　地　　址：北京清华大学学研大厦 A 座　　**邮　　编**：100084
　　　　　　社 总 机：010-62770175　　　　　　　　　**邮　　购**：010-62786544
　　　　　　投稿与读者服务：010-62776969，c-service@tup.tsinghua.edu.cn
　　　　　　质量反馈：010-62772015，zhiliang@tup.tsinghua.edu.cn
印 装 者：大厂回族自治县彩虹印刷有限公司
经　　销：全国新华书店
开　　本：145mm×210mm　　**印　　张**：5　　　　　　**字　　数**：94 千字
版　　次：2020 年 10 月第 1 版　　　　　　**印　　次**：2022 年 1 月第 6 次印刷
定　　价：35.00 元

产品编号：087505-01

数学最本质的东西是抽象,抽象是人类创造性思维最基本的特征。在数学领域,假如没有超脱元素的"具体",便不会有集合论的诞生;没有变元与符号的建立,便不可能有更深刻的方程和函数理论;没有形与数结合的解析几何,便没有微积分的发展;没有对"具体"的变换,便难以有抽象数学的产生……

然而,数学教学并不同于数学研究。数学教学要求把抽象的东西形象化,并通过直观的形象来深化抽象的内容。这种抽象中的形象,正是数学教学的真谛!

本书讲述的是图形的故事,作者试图以此展现抽象与形象之间生动的纽带。作者并不期望书中做到面面俱到,这是不可能的,而且也没有必要!作者著书的目的只是希望激起读者的兴趣,并由此引发他们学习这些知识的欲望。因为作者认定,兴趣是最好的老师,一个人对科学的热爱和献身往往是由兴趣开始的。然而,人类智慧的传递是一项高超的艺术,从教到学,从

学到会，从会到用，又从用到创造，这是一连串极为能动的过程。作者在长期实践中有感于普通教学的局限和不足，希望能通过非教学的手段，实现人类智慧接力棒的传递。

基于上述目的，作者尽自己的力量完成了这套各自独立的趣味数学丛书。它们是《偶然中的必然》《未知中的已知》《否定中的肯定》《变量中的常量》《无限中的有限》《抽象中的形象》。分别讲述概率、方程、逻辑、函数、极限、图形等故事。作者心目中的读者是广大的中学生和数学爱好者，他们是衡量本书最为精确的天平。

本书是这套丛书的最后一册，作者愿借此机会向所有为本丛书的写作、出版提供帮助的同志致谢。还要特别提到的是，本丛书中数以百计的史料、故事、趣闻和游戏，分别取材并加工于为数众多的原始资料，因篇幅关系，恕本丛书未能一一罗列它们的出处与作者的姓名。谨在此，特向有关作者表示诚挚的敬意和谢意！

由于作者水平有限，本丛书中难免存在许多疏漏和错误，敬请读者不吝指正。

但愿这套丛书能有助于人类智慧的接力！

张远南

2019 年 12 月

CONTENTS ○ 目录

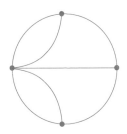

一、哥尼斯堡问题的来龙去脉

现今的加里宁格勒，是俄罗斯位于波罗的海东岸的一块飞地，旧称哥尼斯堡，是一座历史名城。在 18、19 世纪，那里是东普鲁士的首府，曾经诞生和培育过许多伟大的人物。著名的哲学家、古典唯心主义的创始人康德，终生没有离开过哥尼斯堡一步！20 世纪最伟大的数学家之一、德国的希尔伯特，也出生于此地。

哥尼斯堡景致迷人，碧波荡漾的普累格河横贯其境。在河的中心有一座美丽的小岛，普累格河的两条支流环绕其旁，汇成大河，把全城分为 4 个区域（图 1.1）：岛区（A）、东区（B）、南区（C）和北区（D）。著名的哥尼斯堡大学傍倚于两条支流的旁边，给这一景色怡人的区域又增添了几分庄重的韵味！有 7

座桥横跨普累格河及其支流,其中 5 座桥把河岸和河心岛连接起来。古往今来,这一别致的桥群吸引了众多的游人来此漫步!

图 1.1

早在 18 世纪以前,当地居民便热衷于一个有趣的问题:能不能设计一次散步,使得 7 座桥中的每一座都走过一次,而且只走过一次。这便是著名的哥尼斯堡七桥问题。这个问题后来变得有点惊心动魄。据说有一队工兵,因战略上的需要,奉命炸掉这 7 座桥。命令要求,当载着炸药的卡车驶过某座桥时,就得炸毁这座桥,不得遗漏!

读者如果有兴趣,完全可以照样子画一张地图,亲自尝试一下。不过,要告诉大家的是,想把所有的可能线路都尝试一遍是极为困难的!因为可能的线路不少于 5000 种,要想一一尝试,谈何容易!正因为如此,七桥问题的答案便五花八门。有人在屡遭失败之后,倾向于否定满足条件的答案的存在;另一些人则认为，巧妙的答案是存在的，只是人们尚未发现而已，这在人类智慧所未及的领域是很常见的事！

七桥问题有强大的魔力，竟然吸引了天才的莱昂哈德·欧拉（Leonhard Euler，1707—1783）。这位年轻的瑞士数学家以其独具的慧眼，看出了这个似乎是趣味几何问题的潜在意义。

莱昂哈德·欧拉

1736 年，29 岁的欧拉向圣彼得堡科学院递交了一份题为《哥尼斯堡的七座桥》的论文。论文的开头是这样写的：

> 讨论长短大小的几何学分支，一直被人们热心地研究着。但是还有一个至今几乎完全没有探索过的分支；莱布尼茨最先提起过它，称之为"位置的几何学"。这个几何学分支仅仅讨论与位置有关的关系，研究位置的性质；它不去考虑长短大小，也不牵涉到量的计算。但是至今未有令人满意的定义，来诠释这一位置几何学的课题和方法……

接着，欧拉运用他那娴熟的变换技巧，如图 1.2 所示，把哥尼斯堡七桥问题变为读者所熟悉的、简单的几何图形的"一笔画"问题，即能否笔不离纸，一笔连续但又不重复地画完以下的图形？

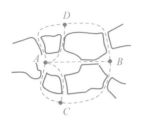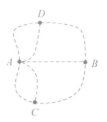

图　1.2

读者不难发现：图 1.3 中的点 A、B、C、D，相当于七桥问题中的 4 块区域；而图中的弧线，则相当于连接各区域的桥。

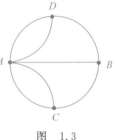

聪明的欧拉正是在上述图形的基础上，经过悉心研究，确立了著名的"一笔画原理"，从而成功地解决了哥尼斯堡七桥问题。不过，要想弄清欧拉的特有思路，我们还得从"网络"的连通性讲起。

图　1.3

所谓网络，是指某些由点和线组成的图形，网络中的弧线都有两个端点，而且互不相交。如果对于一个网络中的任意两点，都可以在网络中找到某条弧线，把它们连接起来，那么，这样的网络就被认为是连通的。连通的网络简称脉络。

显然，在图 1.4 中，图（a）不是网络，因为它仅有的一条弧线只有一个端点；图（b）也不是网络，因为它中间的两条弧线相交，而交点却非顶点；图（c）虽是网络，但却不是连通的。而七桥问题的图形，则不仅是网络，而且是脉络！

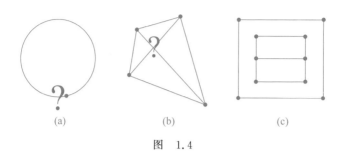

图　1.4

在网络中,如果有奇数条的弧线交汇于某一点,这样的点称为奇点;反之,称为偶点。

欧拉注意到,对于一个可以用"一笔画"画出的网络,首先必须是连通的;其次,对于网络中的某个点,如果不是起笔点或停笔点,那么它若有一条弧线进笔,必有另一条弧线出笔,也就是说,交汇于这样点的弧线必定成双成对,这样的点是偶点! 如图 1.5 所示。

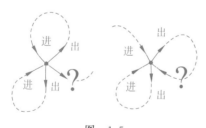

图　1.5

上述分析表明:网络中的奇点,只能作为起笔点或停笔点。然而,一个可以用一笔画画成的图形,其起笔点与停笔点的个数,要么为 0,要么为 2。于是,欧拉得出了以下著名的"一笔

画原理":

能用一笔画画成的网络必须是连通的,而且奇点个数或为

0,或为2。当奇点个数为0时,全部弧线可以排成闭路。

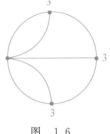

图 1.6

现在读者看到,七桥问题的奇点个数为4(图1.6)。因而,要找到一条经过7座桥,但每座桥只走一次的路线是不可能的!

想不到轰动一时的哥尼斯堡七桥问题,竟然与孩子们的游戏,想用一笔画画出"串"字和"田"字这类问题一样,而后者并不比前者更为简单!

图1.7画的两只动物世界的庞然大物,都可以用一笔画完成。它们的奇点个数分别为0和2。这两张图选自《智力世界》一刊,也算是一种别有趣味的例子吧!

图 1.7

既然可由一笔画画成的脉络,其奇点个数应不多于两个,那么,用两笔画或多笔画能够画成的脉络,其奇点个数应有怎样的

限制呢？我想,聪明的读者完全能自行回答这个问题。倒是反过来的提问需要认真思考一番,即若一个连通网络的奇点个数为 0 或 2,是不是一定可以用一笔画画成？这里不妨告诉读者,结论是肯定的！一般地,我们有：

含有 $2n(n>0)$ 个奇点的脉络,需要 n 笔画画成。

二、迷宫之"谜"

唐朝贞观年间，国势强盛，四海升平。

贞观十四年（640 年），吐蕃国国王松赞干布派使臣到长安，向当时的皇帝唐太宗请求联姻。唐太宗是个十分精明的人，他认为汉、藏联姻对于睦邻友好、边疆安定是件好事，但不能答应得太痛快，必须考一考辅佐吐蕃国国王的使臣，于是便出了几道难题要求使者回答。没想到使者对所提问题对答如流，使唐太宗深感满意，于是进入最后一场测试。

一天晚上，唐太宗在宫中宴请使臣，并在宴后突然提出要求，让使臣自行出宫。而此时此刻的皇宫是经过特殊布置的，四处道路曲折迂回！唐太宗想看一看吐蕃国王的使臣在醉酒的情况下，是否仍然头脑清晰，能摆脱眼下四处碰壁的困境。

　　不料使臣聪明过人,他在进宫的时候,便已留心观察四周环境,做下了记号。出宫时,他居然未经多大周折,便顺利走出宫门!

　　吐蕃国的使臣终于以自己的才智,赢得了唐太宗的信赖,并答应把美丽而贤惠的文成公主嫁给吐蕃国国王,从而为我国民族团结的史诗,谱写了可歌的一章。

　　在这个故事中,唐太宗的最后一道试题实际上是一种迷宫题。古往今来,迷宫被很多人所津津乐道,能走出迷宫被看成是聪明和智慧的象征!

　　在《三国演义》中有这样一段描写,大意是,东吴大将陆逊被诸葛亮的八卦阵困于江边,但见阵内怪石嵯峨,槎枒似剑,横沙立土,重叠如山,无路可出。书中将八卦阵实在写得神乎其神!想来那也不过是一种用巨石垒成的迷宫罢了。

　　国外的迷宫更是常见,如图 2.1 所示。其中,图(a)是南非出土的祖鲁族人的迷宫,宛如人的指纹。图(b)是希腊克里特岛出土的货币,币上的迷宫清晰可辨!图(c)是意大利出土的酒瓶迷宫,图案古朴优美,看上去别有一番情趣。图(d)是在庞贝城遗址发现的。庞贝城曾是古罗马相当繁荣的一座城市,约建于公元前 7 世纪。公元 79 年 8 月,邻近的维苏威火山爆发,致使全城惨遭湮没。自 18 世纪中叶起,考古学家开始断断续续地发掘庞贝城遗迹,使火山灰下的庞贝城得以重见天日!图(d)的迷宫就是在发掘中发现的。

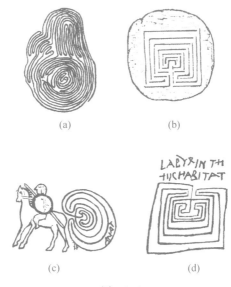

(a)　　　　　　　　(b)

(c)　　　　　　　　(d)

图　2.1

图 2.2 是英国伦敦的汉普顿宫(Hampton court)迷阵实图。

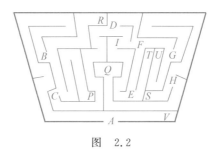

图　2.2

图中 A 为进出口,黑线表示篱笆,白的空隙表示通路。迷阵的中央 Q 处有两根高柱,柱下备有椅子,可供游人休息。读者可别以为这一迷阵并不复杂,倘若让你身临其境,也难免要东西碰壁,左右受阻,陷于迷茫之中!

那么,迷宫之"谜"的谜底何在呢?让我们仍举汉普顿宫迷阵为例。如同"一、哥尼斯堡问题的来龙去脉"中七桥问题那样,我们把该迷阵中所有的通路都用弧线来表示,便能得到图 2.3 那样的脉络。

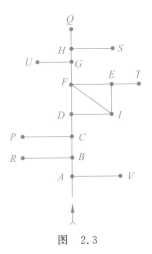

图 2.3

现在的问题是,如何从 A 点出发走到迷宫的中心 Q 点?或从 Q 点回到入口处 A 点?只是,从 A 点到 Q 点的通路并不像图 2.3 那么笔直,实际上是弯弯曲曲、回回转转的。走的时候,稍不小心便会进入死胡同,或者在某一区域打转转,甚至走回头路!

不过,有一种情况似乎例外,即迷宫的网络可以由"一笔画"绘制。这时只要不走重复的路,就一定能顺利走出迷宫!这无疑等于解决了迷宫问题。然而,倘若迷宫真是如同上述那样,其本身也就失去了"迷"的含义。

现实的迷宫往往要复杂很多。以汉普顿宫迷阵为例,它的脉络中除 F 点外,几乎全是奇点。因而,不要说一笔画,即使五笔画、六笔画也难以绘制整个脉络!

然而,我们并没有因此而束手无策。因为任何一个脉络都

可以通过在奇点间添加弧线的办法,使它变成一笔画的图形。这是由于在奇点间添加一条弧线,可以一下子使脉络的奇点个数减少两个!

图 2.4 是把汉普顿宫迷阵脉络的奇点两两连接起来,所得新脉络的奇点已经只剩两个,因而可以用一笔画画出。

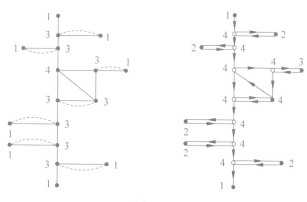

图　2.4

上述方法表明:要想走出迷宫,只需在岔道口做上记号,并对某些线路做必要的重复。这样,纵然我们多走了些路,却能稳当地走出迷宫! 由此可猜想,当初聪明的吐蕃国使臣,大约就是这样做的!

最后还须补充一点,即网络的奇点必定成双。这是图论中最早的一个定理,也是由欧拉发现的。

证明奇点成双很简单:我们可以设想如同图 2.5 所示,拆去原来网络中的某条弧线。这样一来,要么奇点增加两个,偶点减少两个；要么偶点增加两个，奇点减少两个；要么奇偶点不增也不减，除此之外别无其他可能！所有上述情况，网络奇点数目的奇偶性都不会改变。如此这般，我们可以把网络中的弧线一条又一条地拆去，直至最后只剩下一条弧线为止。这时奇点数目明显为 2，从而可推出原网络的奇点数目一定为偶数。

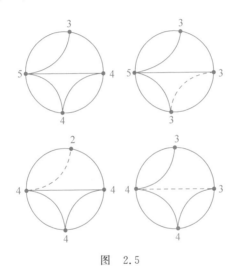

图 2.5

上述证明很容易使人想起以下这个有趣的魔术游戏。

你背过身去，请人随心所欲地把平放在桌面上的硬币一对一对地翻转，然后再请他用手盖住其中的一枚。接着你转回身来，瞧一瞧桌上其他的硬币，便可立即准确地说出他手下硬币的正面是朝上还是朝下！

这似乎有点神奇。其实，只要你一开始就把桌面上的硬币中正面朝上的数目的奇偶性记住,那么,当其他人一对对翻动硬币的时候,这种数目的奇偶性是不会改变的。因此,在你转回身的时候,只要重新数一下有多少枚硬币的正面朝上,便能准确地断定出那人手下硬币正面的朝向。

对于喜欢代数的读者,了解一下这一最早的图论定理的代数证明,是不无裨益的。

令 α 为网络的弧线数,n 为顶点数,α_k 为有 k 条分支的顶点数。注意到每条弧线都有两个端点,于是有

$$2\alpha = \alpha_1 + 2\alpha_2 + 3\alpha_3 + \cdots + k\alpha_k + \cdots$$

上式右端显然是一个偶数。现将其减去另一个偶数

$$2(\alpha_2 + \alpha_3) + 4(\alpha_4 + \alpha_5) + 6(\alpha_6 + \alpha_7) + \cdots$$

必得又一个偶数

$$\alpha_1 + \alpha_3 + \alpha_5 + \alpha_7 + \cdots$$

这恰是所有奇点的数目,从而证明了网络的奇点个数必然成双!

三、橡皮膜上的几何学

在"一、哥尼斯堡问题的来龙去脉"中,读者已经看到了一种只研究图形各部分位置的相对次序,而不考虑它们尺寸大小的新几何学。戈特弗里德·威廉·莱布尼茨(Gottfried Wilhelm Leibniz, 1646—1716)和欧拉为这种"位置几何学"的发展奠定了基础。如今,这一新的几何学已经发展成一门重要的数学分支——拓扑学。

拓扑学研究的课题是极为有趣的。诸如左手戴的手套能否在空间掉转位置后变成右手戴的手套?一条车胎能否从里面朝外面把它翻转过来?是否存在只有一个面的纸张?一只有耳的茶杯与救生圈

戈特弗里德·威廉·莱布尼茨

或花瓶比较，与哪一种更相似些？诸如此类，都属于拓扑学研究
的范畴。许多难以置信的事情，在
拓扑学中似乎都有可能！图 3.1
是一幅超现实的图画，画的是一个
人在地上走，并抬头仰望天空。不
过，这里已经用拓扑学变换的方
法，把宇宙翻转了过来。图中的地

图　　3.1

球、太阳和星星，都被挤到了人体内一个狭窄的环形通道里，四
周则是人体内部器官。该图选自美国著名物理学家乔治·伽莫
夫（George Gamov，1904—1968）教授的科普著作《从一到无穷
大》（One，Two，$Three$，…$Infinity$）一书。

　　在拓扑学中，人们感兴趣的只是图形的位置，而不是它的大
小。有人把拓扑学说成是橡皮膜上的几何学，这种说法是很恰
当的。因为，橡皮膜上的图形随着橡皮膜的拉动，其长度、曲直、
面积等都将发生变化。此时谈论"有多长？""有多大？"之类的问
题，是毫无意义的！如图 3.2 所示。

　　不过，在橡皮膜上的几何学里也有一些图形的性质保持不
变。例如，点变化后仍然是点，线变化后依旧为线，相交的图形
绝不因橡皮膜的拉伸和弯曲而变得不相交！拓扑学正是研究诸
如此类的，使图形在橡皮膜上保持不变性质的几何学。

　　一条头尾相连且自身不相交的封闭曲线，把橡皮膜分成两
个部分。如果我们把其中有限的部分称为闭曲线的"内部"，那

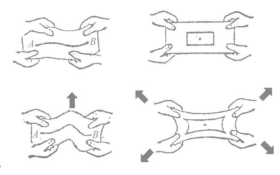

图　3.2

么另一部分便是闭曲线的"外部"。从闭曲线的内部走到闭曲线的外部，不可能不通过该闭曲线。因此，无论你怎样拉扯橡皮膜，只要不切割、不撕裂、不折叠、不穿孔，那么闭曲线的内部和外部总是保持不变的！

"内部"和"外部"，是拓扑学中很重要的一组概念。下面这个有趣的故事，将增加你对这两个概念的理解。

传说古波斯穆罕默德的继承人哈里发，有一位才貌双全的女儿。姑娘的智慧和美貌，使许多聪明英俊的小伙子为之倾倒，致使求婚者的车马络绎不绝。哈里发决定从中挑选一位才智超群的青年为婿，于是便出了一道题目，并声明，谁能解出这道题，便将女儿嫁给谁！

哈里发的题目是这样的：请用线把图 3.3 中写有相同数字的小圆圈连接起

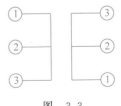

图　3.3

来,但所连的线不许相交。

这个问题的解答,看起来似乎不费吹灰之力,但实际上求婚者们全都乘兴而来,败兴而去! 据说后来哈里发终于发现自己所提的问题是不可能实现的,因而改换了题目。也有人说,哈里发固执己见,美丽的公主因此终生未嫁! 事情究竟如何,现在自然无从查证。不过,哈里发的失算,却是可以用拓扑学的知识加以证明的,其所需的概念,只有"内部"与"外部"两个。

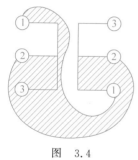

图 3.4

事实上,如图 3.4 所示,我们很容易用线把①和①、②和②连起来。聪明的读者可能已经发现,我们得到了一条简单的闭曲线,这条闭曲线把整个平面分为内部(阴影部分)和外部(空白部分)两个区域。其中一个③在内部区域,而另一个③却在外部区域。要想从闭曲线内部的③画一条弧线,与外部的③相连,而与已画的闭曲线不相交,这是不可能的! 这正是哈里发失误之所在。

其他类似的问题是,有三座房子、一个鸽棚、一口井和一个草堆,要从每座房子各引 3 条路到鸽棚、井和草堆,使得这样的 9 条路没有一条和另一条相交叉,如图 3.5 所示。我想读者完全可以运用内部和外部的概念,证明这样做是不可能的!

判定一个图形的内部和外部,并不总能一目了然。有时一

图　3.5

些图形像迷宫一样弯弯曲曲,令人眼花缭乱。这时应该怎样判定图形的内部和外部呢? 19 世纪中叶,法国数学家 C. 若尔当(C. Jordan,1838—1921) 提出了一个精妙绝伦的办法,即在图形外找一点,与需要判定的区域内的某个点连成线段,如果该线段与封闭曲线相交的次数为奇数,则所判定区域为"内部",否则为"外部"(图 3.6)。其间的奥妙,聪明的读者不难领会出来。

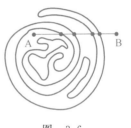

图　3.6

　在橡皮膜上的几何学中,有一个极为重要的公式,这个公式以欧拉的名字命名,是欧拉于 1750 年证得的。欧拉公式的表述是,对于一个平面脉络,脉络的顶点数 V、弧线数 E 和区域数 F,三者之间有如下关系:

$$V+F-E=2$$

读者不妨用一些简单的图形去验证欧拉公式,以加深对它的理解。例如,图 3.7 所示的脉络,容易算出 $V=8$,$F=8$,$E=14$,而 $V+F-E=8+8-14=2$。

  欧拉公式的证明,与"二、迷宫之'谜'"中的"奇点成双"定理的证明相似,如图 3.8 所示。事实上,对于一个脉络,当拆掉某条区域周界的弧线之后,所得的新脉络的顶点数 V'、区域数 F' 和弧线数 E',与原脉络的顶点数 V、区域数 F 和弧线数 E 之间有如下关系:

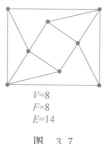

$V=8$
$F=8$
$E=14$

图 3.7

图 3.8

$$\begin{cases} V'=V \\ F'=F-1 \\ E'=E-1 \end{cases}$$

从而有

$$V'+F'-E'=V+F-E$$

  仿照上述办法,可以一直拆到最后,拆成一个如同图 3.9 所示的、不含内部区域的树状网络,而对于这种树状网络,其顶点数 $V^{(n)}$、区域

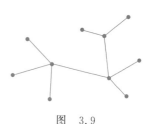

图 3.9

数 $F^{(n)}$ 和弧线数 $E^{(n)}$ 之间,以下的关系式是很明显的:

$$V^{(n)} + F^{(n)} - E^{(n)} = 2$$

注意到

$$V + F - E = V' + F' - E' = \cdots = V^{(n)} + F^{(n)} - E^{(n)} = 2$$

从而也就证得了欧拉公式

$$V + F - E = 2$$

四、笛卡儿的非凡思考

　　大约在欧拉发现网络公式的 120 年之前，1630 年，法国数学家勒内·笛卡儿（Rene Descartes，1596—1650）以其非凡的思考，写下了一则关于多面体理论的短篇手稿。1650 年，笛卡儿在斯德哥尔摩病逝之后，这份手稿遂为其友克勒鲁斯里厄所珍藏。1675 年，莱布尼茨有幸在巴黎看过这份手稿，并用拉丁文抄录了其中的一些重要部分。此后，笛卡儿的这份手稿辗转失传，人们只好找出莱布尼茨的抄录本，再译回法文正式出版。

勒内·笛卡儿

　　笛卡儿实际上是用完全不同的方法推出了欧拉发现的公式

$$V+F-E=2$$

为了弄清这位解析几何创始人不同凡响的思路，我们还得从立体角的概念讲起。

所谓立体角是指在一点所作的 3 个或 3 个以上不同平面的平面角所围成的空间部分。立体角的大小，是由立体角在以角顶为球心的单位球面上截下的球面多角形的面积来度量的。图 4.1 的

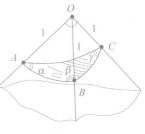

图　4.1

立体角大小，即以球面三角形 ABC 的面积来度量。容易证明，图中这块面积 σ_1 等于

$$\sigma_1=\alpha+\beta+\gamma-\pi$$

事实上，如图 4.2 所示，在单位球 O 上，大圆弧 AB、BC、AC 所在的大圆，把半球面分为 1、2、3、4 共 4 个部分。图中的 A、A' 和 B、B' 显然是两组径对点。通过简单计算可知，以上 4 个部分的面积 σ_1、σ_2、σ_3 和 σ_4，满足

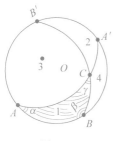

图　4.2

$$\begin{cases} \sigma_1+\sigma_3=\dfrac{\beta}{2\pi}\cdot 4\pi=2\beta \\[2mm] \sigma_1+\sigma_4=\dfrac{\alpha}{2\pi}\cdot 4\pi=2\alpha \\[2mm] \sigma_1+\sigma_2=\dfrac{\gamma}{2\pi}\cdot 4\pi=2\gamma \\[2mm] \sigma_1+\sigma_2+\sigma_3+\sigma_4=2\pi \end{cases}$$

由此得

$$\sigma_1 = \alpha + \beta + \gamma - \pi$$

与平面几何中求一个角的补角类似,一个立体角的补立体角可以这样得到:如图 4.3 所示,在已知立体角 $O\text{-}ABC$ 内部

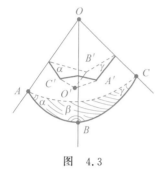

图 4.3

取一点 O',由 O' 向各个面引垂线 $O'A'$、$O'B'$、$O'C'$,则立体角 $O'\text{-}A'B'C'$ 即为立体角 $O\text{-}ABC$ 的补立体角。

可以证明补立体角的 3 个面角 a',b',c'(即 $\angle C'O'B'$,$\angle A'O'C'$,$\angle B'O'A'$)分别与 α、β、γ(度量值)

互补。从而,原立体角 $O\text{-}ABC$ 的大小可以表示为

$$\sigma_1 = \alpha + \beta + \gamma - \pi = (\pi - a') + (\pi - b') + (\pi - c') - \pi$$
$$= 2\pi - (a' + b' + c')$$

同理,补立体角 $O'\text{-}A'B'C'$ 的大小可以表示为

$$\sigma_1' = 2\pi - (a + b + c)$$

上式中的 a、b、c 为原立体角 $O\text{-}ABC$ 的各个面角(即 $\angle COB$,$\angle AOC$,$\angle BOA$)。

读者想必早已知道,一个平面凸多边形的外角和等于 2π,即所有内角的补角和等于 2π。那么,对于空间的凸多面体,所有顶点立体角的补立体角之和,是否也有类似的关系呢?为此,我们从多面体内部的一点 O 向多面体的各个面引垂线。从

图 4.4 不难看出：多面体所有顶点立体角的补立体角，恰好占据了 O 点周围的全部空间！因而，其总和应等于单位球球面的面积，即 4π。

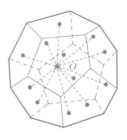

图 4.4

下面我们回到笛卡儿的思路上来。

令多面体的顶点数为 V，面数为 F，第 i 个面的内角个数（也即边数）为 n_i。所有内角的个数 p 为

$$p = n_1 + n_2 + \cdots + n_F$$

再用 Σ 表示所有面的内角和，于是根据上面讲过的多面体补立体角之和为 4π 的结论可知

$$4\pi = 2\pi \cdot V - \Sigma$$

又第 i 个面的内角和为 $(n_i - 2)\pi$，从而 F 个面的全部内角相加得

$$\Sigma = (n_1 - 2)\pi + (n_2 - 2)\pi + \cdots + (n_F - 2)\pi$$

$$= (n_1 + n_2 + \cdots + n_F)\pi - 2\pi F$$

$$= \pi p - 2\pi F$$

代入上式可得

$$4\pi = 2\pi V - (\pi p - 2\pi F)$$

所以

$$p = 2(V + F) - 4$$

这就是笛卡儿留给后人的结果！

笛卡儿的公式离欧拉公式实际上只有一步之遥。欧拉的成功，只是由于他导入了棱数的概念，从而打破了古典几何学的清规戒律，建立起拓扑学的新秩序。

事实上,令多面体的棱数为 E,则多面体各个面的内角总数恰为棱数的两倍,即

$$p = 2E$$

从而
$$2E = 2V + 2F - 4$$

立得
$$V + F - E = 2$$

上述关于多面体的欧拉公式的一个简单应用是:论证正多面体只有 5 种。实际上,假设正多面体的每个面都是正 p 边形,而每个顶点都交汇着 q 条棱,这样,我们有

$$\begin{cases} qV = 2E \\ pF = 2E \end{cases} \Rightarrow \begin{cases} V = \dfrac{2E}{q} \\ F = \dfrac{2E}{p} \end{cases}$$

代入欧拉公式得

$$\frac{2E}{q} + \frac{2E}{p} - E = 2$$

从而
$$\frac{1}{p} + \frac{1}{q} = \frac{1}{2} + \frac{1}{E}$$

注意到 $E \geqslant 6$,上述方程只能有以下 5 种正整数解,如表 4.1 所示。

表 4.1 5 种正整数解

序号	p	q	V	F	E	名称
1	3	3	4	4	6	正四面体
2	3	4	8	6	12	立方体

续表

序号	p	q	V	F	E	名称
3	4	3	6	8	12	正八面体
4	3	5	20	12	30	正十二面体
5	5	3	12	20	30	正二十面体

图 4.5 是相应于表 4.1 正多面体的立体图。

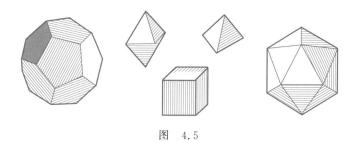

图　4.5

最后需要说明的是，本节关于多面体的欧拉公式，只是前文平面欧拉公式的一个特例。实际上我们很容易采用以下方法，把一个立体图形的表面，摊成一个平面图形：设想多面体的表面是一层伸缩自如的橡皮膜，而多面体的内部则是中空的。现在在它的一个面上把橡皮膜穿开一个洞，然后用手指插进洞里，并用力向四周拉伸，直至摊成平面。图 4.6 形象而有趣地表现了把一个正方体表面摊开的过程。其中图（b）所示的最外面不整齐的边界实际上就是洞的轮廓。如果我们把图形的外部区域整个地看成开洞的面，并将弧线修整成顺眼的样子，即得图（c）。这样的图，称为正方体的平面拓扑图。其他的多面体或立体图形,也可以类似地得到相应的平面拓扑图,从而把立体表面的问题转化为平面上的问题加以解决。

这便是为什么平面网络的欧拉公式,可以应用于多面体表面的缘故!

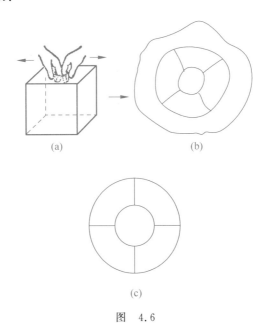

(a)   (b)

(c)

图　4.6

五、哈密顿周游世界的游戏

　　即使在数学家的队伍里,像哈密顿那样早慧勤思的神童也是很少见的!

　　威廉·哈密顿(William Hamilton,1805—1865)出生于爱尔兰的都柏林。他3岁识字,儿童时代便已通晓8种语言,12岁就已读完拉丁文的《几何原本》,16岁竟撰文订正大数学家拉普拉斯证明中的某点错误,22岁便当上了大学教授。在数学史上,哈密顿曾以发明"四元数"而青史留名!

威廉·哈密顿

　　1856年,哈密顿发明了一种极为有趣的"周游世界"的游戏,这一游戏曾经风靡一时。在游戏中,哈密顿用一个正十二面体的 20 个顶点,代表我们这个星球上的 20 个大城市。游戏要求,沿着正十二面体的棱,从一个"城市"出发,遍游所有的"城市",最后回到原出发点,但所经过的棱不许重复!

周游世界游戏的解答称为哈密顿圈,它并不难求,但极为有趣。图 5.1 是正十二面体和它的平面拓扑图。读者不妨先在这些图上试试看,说不定也能找到一个哈密顿圈呢!

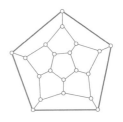

图　5.1

下面让我们看一看,在正十二面体的平面拓扑图中,一个哈密顿圈需要具备什么样的条件? 首先,由于哈密顿圈包含 20 个顶点及连接它们的棱,因此应当是一个简单二十边形的周界,这个二十边形显然是由若干五边形拼接而成,而这些五边形中不可能有 3 条边具有公共点! 否则的话,这个公共点便会如图5.2所示那样,成了二十边形的内部的点,从而也就不可能成为哈密顿圈上的点。这与哈密顿圈

图　5.2

包含全部 20 个顶点相矛盾。其次，上面所说的
五边形也不可能围成一个环形。因为如果是这
样的话，拼接起来的多边形周界，势必分为两个
隔离的部分，这自然是哈密顿圈所不许可的!

以上分析表明：哈密顿圈中的五边形，只能
像图 5.3 所示那样排成一串!

现在的问题是：在正十二面体的平面拓扑
图中，究竟能否找到上面讲的那样的一串五边形
呢？答案是肯定的！图 5.4 便是一种解答方案。

图　5.3

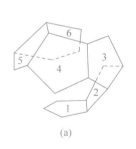

(a)

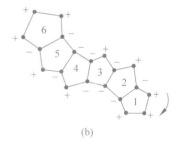

(b)

图　5.4

在图 5.4 中，图(a)是图(b)所示的一串五边形在正十二面
体上的实际位置。为了便于读者记忆，设想我们沿着一条棱前
进到达某个顶点，这时摆在我们面前显然有左拐和右拐两条路。
倘若周游的路线是向右拐的，这时我们便在这个顶点旁做"＋"
的记号；倘若我们周游的路线是向左拐的，则做"－"的记号，如
图 5.5 所示。图 5.4(b)所示的"＋""－"记号，便是根据上述规

则标记的。这些记号是依顺时针方向以

的方式循环着。这是很好记的！读者可以在正十二面体的平面拓扑图上，按上述的法则找到哈密顿圈。图 5.6 便是一个例子。

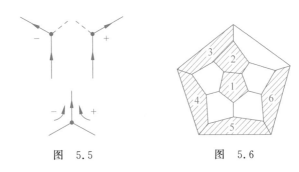

图 5.5　　　　　　　　　图 5.6

哈密顿周游世界的游戏无疑能够移植到任意的多面体上。不过有一点是肯定的，并不是所有的平面脉络都存在哈密顿圈，图 5.7 就是一个不存在哈密顿圈的例子。

事实上，我们可以如同图 5.7 中已经画好的那样，把所有的
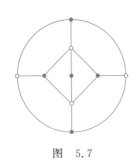
顶点分别画成"•"和"○"。容易看出，图中所有与"•"相邻接的顶点都是"○"；而所有与"○"相邻接的顶点都是"•"。这样一来，如果问题中的哈密顿圈存在的话，那么圈上的顶点必然是一"•"一"○"的点列。由于这样的点列头尾相接，因

图 5.7

而"●"的数目与"○"的数目必须是相等的。然而,图 5.7 中却明显的有 5 个"●"和 4 个"○"。这表明对图 5.7 来说,所求的哈密顿圈是不存在的!

上述问题的证明与以下有趣的多米诺骨牌的游戏相似,如图 5.8 所示。

图 5.8 是一副有 62 格的残缺棋盘,问:能不能用 2×1 格的多米诺骨牌去覆盖它?

我们不妨把一个多米诺骨牌看成是由一个白格与一个黑格连接而

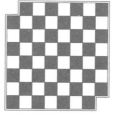

图 5.8

成的。很明显,凡能用多米诺骨牌覆盖的棋盘,其黑格与白格一定是一样多的。然而,游戏中所给的棋盘,无论如何白格与黑格总是相差两个。因此游戏中的要求是无法实现的!

哈密顿周游世界的游戏有许多有趣的变种,下面这个生动的故事就是精妙的一例。

亚瑟王(传说中的英国国王)在王宫中召见他的 $2n$ 名骑士,不料某些骑士间结怨甚深,已知每人的结怨者都不超过 $n-1$ 个,那么亚瑟王应当怎样在他那张著名的圆桌周围安排这些骑士的座位,才能使得每个骑士不与他的结怨者为邻呢?

可能有不少人对此感到茫然!其实,如果我们把每个骑士看成点,而让友善者之间连成线,便能得到一张平面网络图。现在可将问题转换为:要从这张图上找出一个哈密顿圈。仅此而已!这大约是读者原先所没有料到的!

六、奇异的默比乌斯带

公元 1858 年,德国数学家奥古斯特·费迪南德·默比乌斯 (August Ferdinand Möbius,1790—1868)发现,一个扭转 180° 后再两头粘起来的纸条,具有魔术般的性质,如图 6.1 所示。

图　6.1

首先,这样的纸带不同于普通的纸带,普通纸带具有两个面 (即双侧曲面),一个正面,一个反面,因此两个面可以涂成不同 的颜色;而这样的纸带只有一个面(即单侧曲面),一只苍蝇可以爬遍整个曲面而不必跨过它的边缘！

现在,我们把这种由默比乌斯发现的神奇的单面纸带,称为
"默比乌斯带"。

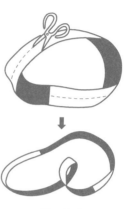

拿一张白色长纸条,把一面涂成
黑色,然后把其中一端翻一个身,如同
图 6.1 所示粘成一个默比乌斯带。现
在如图 6.2 所示用剪刀沿纸带的中央
把它剪开。可能有人担心这么一剪,
纸带便会剪成两半。不过,试一试你
就会惊奇地发现,纸带不仅没有一分
为二,反而像图中那样剪出一个两倍
于原纸带长度的纸圈!

图　6.2

有趣的是,新得到的这个较长的纸圈,本身却是一个双侧曲
面,它的两条边界虽然自身不打结,但却相互连在一起！为了让
读者直观地看到这一不太容易想象出来的事实,我们可以把上
述纸圈再一次沿中线剪开,这回可真的一分为二了！我们得到
的是两条互相套着的纸圈,而原先的两条边界,则分别包含于两
条线圈之中,只是每条线圈本身并不打结罢了,如图 6.3 所示。

图　6.3

默比乌斯带还有更为奇异的特性。一些在平面上无法解决的问题,却不可思议地在默比乌斯带上获得了解决!

　　在"三、橡皮膜上的几何学"中,那道妙趣横生的哈里发嫁女的难题,想必读者依然记忆犹新。在那节我们曾经介绍过,在平面上要解答哈里发所提的难题是不可能的!不过,倘若把同样的问题搬到默比乌斯带上来,解决它却易如反掌。图 6.4 即为一种解答方案,图中的③与③的连线,请读者作为练习,自行补上。

　　另一个在普通空间无法实现的问题是"手套易位"问题。人左右两手的手套虽然极为相像,但却有着本质的不同。我们不可能把左手的手套贴切地戴到右手上去,也不能把右手的手套贴切地戴到左手上来。无论你怎么扭来转去,左手套永远是左手套,右手套也永远是右手套(图 6.5)!

图　6.4　　　　　　　　　　图　6.5

　　在自然界有许多物体也类似于手套,它们本身具备完全相像的对称部分,但一个是左手系的,另一个是右手系的,它们之间有着极大的不同。

　　图 6.6 画的是一只"扁平的猫",规定这只猫只能在纸面上

紧贴着纸行走。现在这只猫的头朝右。读者不难想象,只要这只猫紧贴着纸面,那么无论它怎么走动,它的头只能朝右。所以我们可以把这只猫称为"右侧扁平猫"。

图　6.6

"右侧扁平猫"之所以头始终朝右,是因为它不能离开纸面。假如允许它跑到空间中来,那么,任何一位读者都可以轻而易举地把它翻过一面,再放回到纸面上去,变成一只头朝左的"左侧扁平猫"。

现在让我们再看一看,在单侧的默比乌斯带上,扁平猫的遭遇究竟如何呢?图 6.7 画了一只"左侧扁平猫",它紧贴着默比乌斯带走,走呀走,最后竟走成一只"右侧扁平猫"!

瞧!默比乌斯带是多么的神奇啊!

扁平猫的故事给了我们一个启示:在一个扭曲的面上,左、右手系的物体是可以通过扭曲实现转换的!如果读者发挥非凡的想象力,设想我们的空间在宇宙的某个边缘,呈现出默比乌斯带式的弯曲，那么，说不定有朝一日，我们的星际宇航员会带着左胸腔的心脏出发，却带着右胸腔的心脏返回地球！

下面是又一则有趣的故事。

传说古代有一位国王，他有 5 个儿子。老国王在临终前留下了一份遗嘱，要求在他死后把国土分成 5 块，每个孩子各得一块。不过，这 5 块土地中的每一块，都必须与其余 4 块相连，使得居住在每块土地上的人，可以不必经过第三块土地，而直接到达任何一块土地上去！至于每块土地的大小，则由儿子们自己协商解决。

后来老国王离开了人世。但在执行遗嘱的时候，5 个儿子却为此大伤脑筋。老国王的原意是要他们 5 个人团结一致，互相帮助。但儿子们却发现，在地球表面上，这份遗嘱根本无法执行！

亲爱的读者，你能说出为什么老国王的遗嘱无法在地面上执行吗？假如故事中的老国王和他的儿子们是生活在神奇的默比乌斯带上，那么你能帮帮这几位可怜的王子，去执行他们父亲的遗嘱吗？

现在让我们再回到默比乌斯带的讨论上来。想必读者已经注意到，默比乌斯带具有一条非常明显的边界。这似乎是一种美中不足。1882 年，另一位德国数学家菲利克斯·克里斯蒂安·克莱因（Felix Christian Klein，1849—1925），终于找到了一种自我封闭而没有明显边界的模型，称为"克莱因瓶"（图 6.8）。这

种怪瓶实际上可以看作是由一对默比乌斯带
沿边界粘合而成。因而克莱因瓶比默比乌斯
带更具一般性。

　　奇异的默比乌斯带是拓扑学园地的一株
奇葩！

　　拓扑，是英文 Topology 的译音，它研究几
何图形在一对一连续变换下的不变性质。这
种变换，虽然点与点之间的距离不被保持，但
点的邻域却不允许跳离。

图　6.8

　　拓扑学创立于 19 世纪，奠定这门学科基础的，是被誉为"征
服者"的法国数学家亨利·庞加莱（Henri Poincaré，1854—
1912）。我国数学家吴文俊、江泽涵等人在拓扑学的研究方面，
也曾做出过令世人瞩目的贡献！

亨利·庞加莱

七、环面上的染色定理

读者一定还记得"六、奇异的默比乌斯带"中那个老国王遗嘱的故事。在那节我们讲过,在平面上要让 5 块区域两两相邻是不可能的。然而,读者可能没有预料到,老国王这一无法执行的遗嘱,竟与近代数学三大难题之一的"四色问题",有着直接的关系。

1852 年,英国伦敦大学毕业生格里斯发现:无论多么复杂的地图,只要用 4 种颜色,便能把有共同边界的国家区分开。1879 年,英国数学家亚瑟·凯莱(Arthur Cayley,1821—1895)把这一问题数学化并称之为"四色猜想"。"四色猜想"后来变得非常著名,成为向人类智慧挑战的又一道世界难题。

四色问题难在哪里呢?原来难在需要做出的逻辑判定数量

极大,约有 200 亿次,然而一个人的生命只有 30 多亿秒!可见,单靠一个人的力量解决这样的问题是不可能的!除非有某种超智慧的理论突破,使幸运女神在一夜之间从天庭降临人间!

不过,在计算机出现之后,情况有了很大的转机。1976 年 9 月,数学史上亘古未有的奇迹终于出现了,美国伊利诺伊大学的两位数学家宣布:在人与计算机的"合作"下,四色问题已经被征服!据说计算机曾为解决此问题日夜不停地计算了整整 50 个昼夜!在本丛书《否定中的肯定》一册中,有一则故事叙述了在一个世纪的时间里,在攻克这一世界难题的道路上,由人类用智慧谱写的可歌可泣的史诗。

现在我们再回到老国王遗嘱的故事上来。倘若那份遗嘱能够执行的话,便意味着存在 5 个两两相邻的区域,这样区域的地图自然非用 5 种颜色染色不可!这无疑与四色定理相矛盾。

在"六、奇异的默比乌斯带"中,我们曾经让读者用默比乌斯带帮助 5 位可怜的王子,解决他们父亲留下的问题。不过,不用默比乌斯带而用其他更为常见的曲面,问题也不见得无法解决。事实上,在一个救生圈那样的环面上,老国王的遗嘱同样可以执行。如图 7.1 所示,环面的下半部为一个区域,而上半部划分为 4 个区域,这 5 个区域是两两相邻接的。

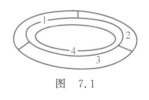

图 7.1

有趣的是,在环面上不仅可以让国王的 5 个儿子解决遗嘱的执行问题,即使老国王的儿子再多两个,问题同样也能解决!
这就是说,在环面上我们找得到 7 个两两相邻接的区域。为了
让读者对此看得一清二楚,我们设法对环面做一些处理,把环面
剪开并摊成一个平面图形。显然,这只需剪两次,我们的目的便
能达到。不过,需要记住的是,摊开后,图形的上下边界与左右
边界原先本是缝合在一起的! 如图 7.2 所示。

图 7.3 是人们好不容易在环面摊开后的矩形图上找到的
区域示意图,图中的 7 个区域两两相邻。如何把它设想成粘
合后的环面图形,又如何说明上面的每个区域都与其他区域
相邻,这无疑需要相当丰富的想象力,它对读者自然是一次极
好的锻炼!

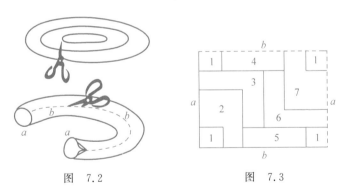

图　7.2　　　　　　　　　　图　7.3

图 7.4 画出的是相应于图 7.3 的环面区域划分示意图,
图 7.4(a)是正面,图 7.4(b)是反面,反面的区域界线已用虚线
标在正面图里。读者只要细心对照一下便会发现,图中的 7 个

区域确实两两相邻,这似乎比图 7.3 所示的矩形地图更容易看出来!

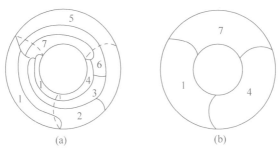

图　7.4

以上事实表明,对于环面上的地图,至少要用 7 种颜色才能把不同的区域区分开。实际上我们还可以证明:在环面上区分不同的区域,用 7 种颜色已经足够了! 这就是著名的环面"七色定理"。

可能有的读者会这样想,四色问题已经弄得人们焦头烂额了,如今"平面"换成更复杂的"环面","四色"改为更多的"七色",岂不是更加让人束手无策吗?!

请读者切莫谈"虎"变色! 其实,"七色定理"的证明没那么难,各位读者大约都能做到! 不过,这要先从环面上的"欧拉示性数"讲起。

读者在"三、橡皮膜上的几何学"中已经看到,对于球面上的连通网络,其顶点数 V、区域数 F 和弧线数 E 之间,存在以下关系:

$$V+F-E=2$$

这里的 2,对于球面是个常量,称为"球面欧拉示性数"。

那么,在环面上情况又将如何呢?让我们看一看球面与环面究竟有什么关系。

一个环面是可以用以下方法变为球面的:把环面纵向剪断,成为两端开口的筒形,如图 7.5 所示。现在用两个面(图 7.5 中阴影部分)把开口圆筒的两头封起来,变为闭口圆筒,然后对它充气,使它膨胀成球状。只是球面上有两块像眼睛那样的区域,是原先环面所没有的。因此,一个环面上的连通网络,在变为充气球面上的连通网络时,网络的顶点数和弧线数没有改变,区域数则多了两个(图 7.6)。从而,对于环面上连通网络而言,其顶点数 V、区域数 F 和弧线数 E 之间有

$$V+F-E=0$$

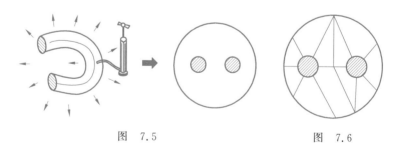

图 7.5　　　　　　图 7.6

这就是说,环面上的欧拉示性数为 0。

下面让我们转而证明环面的"七色定理"。假定环面上的地

图是已经标准化了的,即地图上的每个顶点都具有 3 个分支(否则可以如图 7.7 所示,在各顶点周围画一个小区域,使新的地图的顶点都变成 3 个分支的)。由于每个顶点都有 3 条弧线发出,而且每条弧线都具有两个端点,从而

$$3V = 2E$$

代入环面上的欧拉公式

$$V + F - E = 0$$

立得

$$E = 3F$$

上式表明,在环面上的标准化地图里,必有一个边数小于 7 的区域!因为如果所有区域的边数都不小于 7,便会有

$$2E \geqslant 7F > 6F = 2E$$

从而引出矛盾!

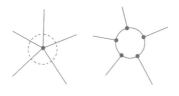

图 7.7

由于环面上的地图必有一个小于 7 边的区域,因而,我们可以如图 7.8 所示,把这一区域拆掉一条边,得到一幅新的地图。如果新图能够用 7 种颜色染色,那么把拆去的边界添加进去后的原图,显然也能够用 7 种颜色染色!不过,新的地图已经比原来地图少了一个区域。对于这样的新地图来说,自然也存

在一个小于 7 边的区域,因而同样可以拆掉一边得到一幅更新的地图。如果这更新的地图能用 7 色染色,那么新地图同样能用 7 色染色,从而原地图也一定能用 7 色染色。以上步骤可以一直进行下去,区域数不断减少,最后少到只有 7 个,当然能用 7 色染色,从而原地图能用 7 色染色也就毋庸置疑了!

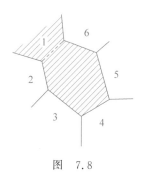

图 7.8

八、捏橡皮泥的科学

前面我们向读者介绍过,拓扑学是一门研究一对一连续变换的几何学。1902 年,德国数学家菲利克斯·豪斯多夫(Felix Hausdorff,1868—1942)用邻域的概念代替了距离,得出了一套完整的理论系统。在这一理论中,拓扑变换是一种不改变点的邻近关系的、一对一的连续变换。

在"三、橡皮膜上的几何学"中,读者可以看到,橡皮膜上的图形通过拉扯、弯曲和压缩,只要不扯断或不把分开的部分捏合,就能保持一对一和点的邻近关系,所得到的前后图形是拓扑等价的。同理,一块橡皮泥只要不撕裂、切割、叠合或穿孔,便能捏成一个立方体、苹果、泥人、大象或其他更复杂的物件,但却无法捏出一个普通的炸面包圈或纽扣,因为后者中间的空洞,是无论如何也拉不出来的!

显然,上面讲的捏橡皮泥,是一种保持点与点邻近关系的拓扑变换。但拓扑变换并非都能通过捏橡皮泥的办法得到。图 8.1 是把一个橡皮泥做成的圆圈剪断,然后打一个结,再按切断时的原样将切口粘合,使得原来切口上相同的点,粘合后仍然是同一个点。这样的变换当然也是拓扑变换,但绝不可能通过捏橡皮泥的办法做到!

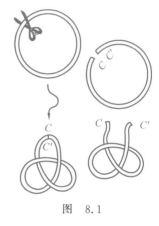

图 8.1

读者可能还记得那个由数学家创造出来的怪瓶子——"克莱因瓶"吧! 它可以想象成是把一个汽车的内胎,首先切断并拉直成圆柱;然后再把其中的一头撑大,做成一个底,另一头则拧细像一个瓶子的颈部;接着,如图 8.2 所示,把细的一头弯过来,并从气门嘴插进去;最后,把细的一头也撑大,并与原先已撑大的那一头连接起来! 不过这种连接要求做得"天衣无缝",使所有切断前相同的点,连接后仍是同一个点。这样做尽管在客观上未必可能,但在拓扑学上却是允许的。

捏橡皮泥的科学是奇特而有趣的,有些问题即使想象力很丰富的人,也难免要费一番功夫!

下面是一道玄妙而古怪的问题:有 3 个橡皮泥做成的环,

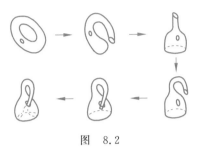

图　8.2

如图 8.3 所示套在一起，一个大环穿过两个连在一起的小环。请用捏橡皮泥的办法（注意！既不能拉断，也不允许把分开的部分捏合），把其中的一个小环从大环中脱出来，变成如图 8.4 所示那样。

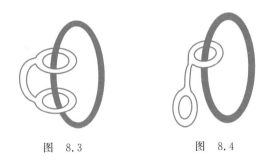

图　8.3　　　　　图　8.4

　　初学的读者可能对此问题感到不可思议！图 8.5 将使你看到一种精妙绝伦的捏法。只有在拓扑学中才有机会领略这种人世间罕见的奇迹！

　　下面是另一道妙题，此题对读者来说是一道绝好的练习题。有了上面的范例，想必读者将会满怀信心地去品尝拓扑奇

图　8.5

观带给人们的无穷趣味!

图 8.6 是由橡皮泥做成的 3 个环,第三个环与前两个环相连,而前两个环则相互套着。那么能否用捏橡皮泥的办法,把它捏成箭头方向所示的,两个连接着的环?

为了让读者的想象力有一个尽情发挥的机会,我们特意把解答方法留在本节的末尾。不过,要告诉读者的是,这个问题的要求是一定能够做到的!

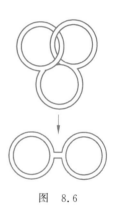

图　8.6

可能有的读者会问:既然拓扑学中允许一个空间形体,像橡皮泥那样捏来捏去,那么在我们生活着的空间里,什么样的形体才称得上是本质不一样的呢? 也就是说,应该怎样对空间图形进行拓扑分类呢? 这的确是一个新鲜而有趣的问题。

先看一个平面上的简单例子。大家知道:在 26 个大写的英语字母中,有一些字母能够像橡皮筋那样,通过弹性的弯曲和伸缩,由一个变为另一个。我们把凡是能通过弹性变形变化的字母归为同一类。这样,26 个大写英语字母便能分为若干类。不同类之间则是不可变的。例如,以下各行字母分别属于不同的类:

C L M N S U V W Z;

K X;

E F J T Y;

D O;

……

读者完全可以自行把上面的字母表继续下去,并探讨一下各类字母具有什么共同的特征。我想聪明的读者是不难发现其间的规律的!

空间的情形自然要复杂很多。不过,有一点是肯定的:凡是能通过捏橡皮泥的办法变换得到的图形,一定属于拓扑同类。一般地,在拓扑学中数学家们提出的分类依据是,看一个图形需要切几刀才能变为像球那样的简单闭曲面。例如,一个环面需要切一刀才能变换为球面(环面上的洞对于拓扑学分类的定义来说,只占很次要的地位),而图 8.7 所示的图形则需切两刀才能变换为球面。数学家们正是根据这种需要切的刀数及曲面的单侧性和双侧性,对图形进行分类的。图 8.7 中的两个迥然相异的图形,在拓扑学中竟然能够属于同一类,这大约是许多读者所万万没有料到的!

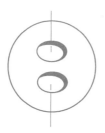

图　8.7

　　最后,我想读者一定很想知道,自己对那道"三环变两环"的巧捏橡皮泥的问题,解答思路是否正确,图 8.8 所示的答案可供参照,但愿你能成功!

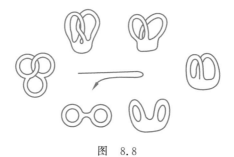

图　8.8

九、有趣的结绳戏法

有道是：戏法人人会变，各有巧妙不同。

人们平日见到的戏法，多是采用障眼的手段，通过精巧的道具，娴熟的手法，用艺术表演的方式，把真相掩盖起来，使观众看到一种扣人心弦而又百思不解的假象！

有一个令人惊心动魄的戏法，差一点获得了世界魔术锦标赛的金奖。这就是法国魔术大师让·罗加尔表演的"人体三分柜"。表演时他让一位腰肢纤细的美貌女郎站在一个柜内，然后拦腰插进两块"钢刀板"，硬是将女演员横截三段。随即他又把中间的一段推向一边，就像读者在图 9.1 中见到的那样。如

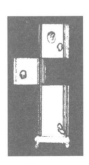

图　9.1

果不是因为观众亲眼见到了位于三分柜外的,女郎的头、手和脚依然还会活动,说不定会有人怀疑,在眼前的舞台上是否发生了

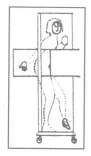

一起凶杀案!其实看一看图 9.2,读者紧张的心也就完全释然了!

不过,本节所要讲的结绳戏法,却是一种科学的方法!这里并不存在假象,所有的结果都是必然的结果,只是复杂的拓扑变换超出了观众想象所能达到的程度。

图　9.2

读者都有这样的经验:两头接起来的绳子,如果在连接之前没有打过结的话,那么连接起来之后便不会有结了!不过,连接之前如果已经打过结,那么连接起来之后,这个结将会永远存在。

最简单的绳结有两种。为了让读者看得更清楚,我们特意把这两种绳结打得非常松。正如图 9.3 所示,这两种绳结是互为镜像的!

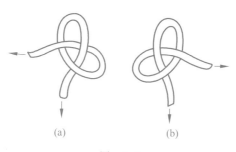

(a)　　　　　　　　(b)

图　9.3

可能有人以为,把这两种方向相反的结打在一根绳子上,然后把它们移在一起,便会互相抵消,如图 9.4 所示。读者试一试就会知道,这是不可能的! 数学家已经找到了严格证明这一经验的方法。

图　9.4

如图 9.5(a)所示的 3 个绳环是互相套在一起的。如果剪断其中的任何一个环,其余的两个环仍然互相套着。图 9.5(b)却不同,3 个绳环虽然也互相套着,但只要剪断其中的一个环,3 个环便立即互相脱离。

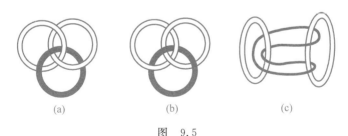

(a)　　　　　(b)　　　　　(c)

图　9.5

建议读者照图 9.5(b)所示做 3 个绳圈套,然后把其中不涂色的两个绳圈用力往外拉,结果黑色的绳圈产生了变形,变成图 9.5(c)所示的模样。图中黑色绳圈的套法,无疑可以如同图 9.6 所示,一个套着一个,连成一条长长的环状绳套链。我们

只要随便剪断绳套链中的一只绳套，
所有的绳套便会"分崩离析"！

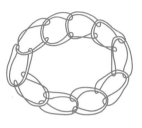

有一种很著名的打结法叫"契法
格结"，这是一种假结，在结绳戏法中
常常被使用。契法格结的打法是：
如图 9.7 所示，先打一个正结，再打

图　9.6

一个反结，然后像图 9.7(c)那样，串绕起来。这时如果抓住绳
子的两头一拉，立即会恢复成最初未打结时的状态。

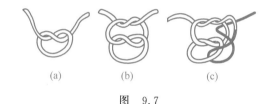

(a)　　　　　　(b)　　　　　　(c)

图　9.7

下面让我们再欣赏一些有趣的结绳游戏。读者很快就会发
现，前面学过的拓扑学知识，是怎样巧妙地融合在这些游戏里。

有一个非常简单的拓扑游戏，它对于锻炼人们的思维无疑
是有益的。有 6 个一样的铁圈用绳子串着，绳子的两端如图 9.8
所示没有连接在一起。你能把当中的两个铁圈取出来，却又使
两端的铁圈不脱离绳子吗？

我想聪明的读者一定都能想得出来，但我们还是和下面的
题目一起，把答案附在本节的末尾。

图　9.8

　　另一种非常精巧的结绳游戏叫"巧解剪刀"。用一根细绳像图 9.9 所示拴结在剪刀上。剪刀的手柄是闭合的,绳子的另一头连着一个健身圈,其含意是不允许绳头从剪刀的手柄中穿回去。请问,在不允许把绳子剪断的前提下,你能把绳子从剪刀上脱下来吗?

　　可能有些读者对这类问题还不太适应,那就先做一做下面稍微简单但却颇相似的题目

图　9.9

吧!可能后者的解决,将增加你对前者解决的信心和把握!

　　将一把圆珠笔用细绳拴一个套,然后如图 9.10 所示将它穿过上衣的纽扣孔,拉紧后变成很像"巧解剪刀"中的那种死扣。现在试着把它解开,这是容易办到的,因为还原回去就行了!然而这样的还原,对于"巧解剪刀"问题却是极有启发的。

图　9.10

还有一个可以使人眼界大开的结绳游戏。取一条约一米长的圆绳，如图 9.11 所示，把它结成三四个绳结（一定要照图样打结！），然后在下方标有"×"的地方用剪刀剪断，现在把绳子向两端拉直，于是奇迹出现了：在纷纷扬扬落下一些绳头之后，眼前又出现了一条完整的绳子！

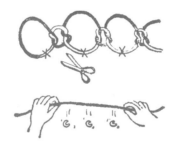

图　9.11

这一节介绍的许多有趣的游戏，都可以搬到你参加的晚会上去。我深信，你的精彩表演，一定会引起不小的轰动呢！

【两个游戏的答案】

（1）当中取圈。

把绳的两头扣起来,将其中一端上的两只铁圈通过绳结移到另一端去,然后再将绳子解开,现在取走中间的两只铁圈便很容易了!

（2）巧解剪刀。

解法如图 9.12 所示。

图　9.12

十、拓扑魔术奇观

拓扑魔术一般都有一种奇异的效果：开始观众总觉得不可思议，甚至认为断不可能！然而，当他亲眼看到了，或亲手做一做，便心悦诚服了！而且他还切切实实享受到一种成功的欢悦，甚至还乐于充当其他观众的"小老师"！

纸片上有一个 2 分硬币大小的圆孔（直径 21mm），问 5 分的硬币（直径 24mm）能通过这样的圆孔（图 10.1）吗？当然，纸片是不允许撕破的！

"大硬币通过小圆孔?!"读者可能感到不可思议，因为答案几乎是"明摆着"的，大圆怎么可能穿过小圆呢？

不过，我要告诉读者的是，只要

图　10.1

硬币的直径不超过圆孔直径的 1.5
倍,上面的要求还是可以做到的。这
一简单拓扑魔术的窍门,只需看一看
示意图(图 10.2)便会明白。这样简
单的答案,说不定会引来读者一声轻
叹:"原来如此!"

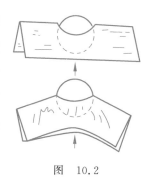

图　10.2

　　莫里哀(Moliere,1622—1673)
是 17 世纪著名的法国戏剧大师。他曾经写过以下一段话:

　　　　我在巡回演出中到过法国南部,在那里看见有一
　　个人,用两米多长的绳子结成环,套在手腕上,而且这
　　只手又紧紧地抓住内衣的下襟。他严格遵守着以下两
　　条规定:一是绳子既不能解开,也不允许剪断;二是
　　内衣既不脱掉,也不剪破!但却不消几分钟,就把套在
　　手上的环绳抽了出来。

图　10.3

　　莫里哀的这道题,从表面看似乎不太可能。
然而只要细心观察一下就会发现,虽然魔术表演
者的右手紧紧地抓住了背心的下襟(图 10.3),但
是背心与人体之间实际上处于分离的状态。因而
套在手腕上的绳子,完全可以利用背心与人体之
间的空间,从中抽掉!图 10.4 显示了这一具体的
脱离过程。

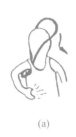
(a)

(b)

(c)

图　10.4

莫里哀问题如若允许脱下背心,则结论会更加明显些。因为假如表演者把背心脱下,此时无异于在他的手上提了一件背心,又挽了一条风马牛不相及的绳子。现在要想抽出绳子,那是易如反掌的事!

有了莫里哀问题的答案作为基础,读者探求以下的魔术奥秘,也就不会有太大的困难了!

这个魔术要求表演者穿一件背心和一件外衣。为了表演的方便,也为了让观众看得更清楚,外衣最好不扣扣子。表演的最终目的是,当着观众的面,穿着外衣而把里面的背心脱掉! 这个魔术表演的解答方法,就留给读者去思考了!

另一个极为有趣的拓扑魔术叫"盗铃"。一条薄皮带,上面有两道缝,下端有一个孔,一条非常结实的绳子如图 10.5 所示方法穿过这些孔和缝,并在两端系上

图　10.5

两个大铃,现在要求把铃连同系它们的绳子一道从皮带里取下来。

读者千万不要以为这道题是上面"大硬币过小圆孔"的老调重弹。实际上,这里的大铃比小洞要大上许多,要想让铃穿过洞是绝对不可能的!要解决这道问题需要克服习惯的偏见。人们把柔软的绳子与宽皮带相比,更容易在绳子的移来拖去上动脑筋。其实,这道题需要动的恰恰正是宽皮带!

在莫里哀的问题中我们已经埋下了伏笔,在那个问题中我们曾经介绍过一种绳子不动、背心动的方法。这种方法正是出自一种破除常规的思想。魔术"盗铃"用的也是这种异乎寻常的想法,其最精彩之处在于,把人们最不愿意变动的皮带,如图 10.6 所示变形了,让皮带中两条缝间的窄长的小带,通过小孔穿到下方去,而绳子却在原位挂着!至于接下去的脱铃问题,无疑已经迎刃而解了!

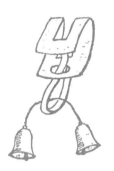

图 10.6

还有一种颇为新颖的拓扑魔术,它与一则扣人心弦的故事有关。从前有一位国王,他把两名反对者以莫须有的罪名抓进了监狱。狱中牢房的墙根有一个小洞,一个人可以爬过。为了防止犯人逃跑,国王命人用手铐和铁链把两人的手,如图 10.7 所示互相套着锁在一起。现在,

图 10.7

这两位反对者面临的问题是,如何使两人分开,然后通过小洞一个个逃出去?

亲爱的读者,在这生死关头,你愿意用自己的智慧帮助这两位无辜的犯人吗?

可能你已经想出办法了,这是应该值得庆贺的!假如你一时还没想出来,那就请看一看图10.8吧!它提示我们甲应该把自己手铐上的铁链,如图所示从乙的手铐缝隙中穿过去,然后再套过乙的手,这样两人就可以分开了!

下面是一个在拓扑魔术中的节目,叫"巧移钥匙"。如图10.9所示,一根细绳与木条系在一起,在绳子靠右的一段穿着一只钥匙。木条中间的大孔比钥匙小,钥匙不可能从大孔中穿过!现在要求把右边的钥匙巧妙地移到左边去。当然,在移动过程中是不允许解下或剪断绳子的,也不能撕裂或损坏木条!

图 10.8

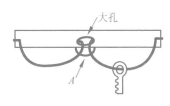

图 10.9

　　这一颇有难度的魔术表演,过程如图 10.10 所示。不过,光靠看图似乎还不够,最好能自制一副道具,照着图反复练习。

　　如图 10.10(a)所示,先把绳环 A 往下拉,使之扩大,并把钥匙穿过 A 环;接着,用手捏住 B 绳和 C 绳,一同向下拉,直至把木条下面的绳子通过大孔从后面拉到前面来,形成图 10.10(b)的 B、C 两个绳环;现在我们把钥匙一起穿过 B、C 两个绳环,使之像图 10.10(c)所示移到左边来;然后从大孔的后面,把绳环 B 和绳环 C 一同拉回去,再向下拉动绳环 A,使其扩大;最后再像图 10.10(d)所示,把钥匙从绳环 A 中穿过去;现在拉紧绳子,钥匙就在左边了!

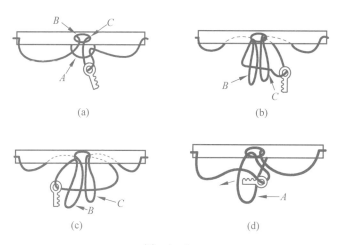

(a)　　　　　　　　(b)

(c)　　　　　　　　(d)

图　10.10

最后让我们看一个类似的问题,如图 10.11 所示,它与上面问题不同的地方在于,原来系在木条上的绳头,现在改为穿过两个小孔;绳端系着大纽扣,为的是防止绳子脱落。魔术同样要求把钥匙移到左边。不过,这个

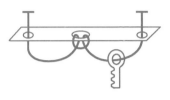

图　10.11

问题可有简单得多的办法呢!此方法有一点像"犯人逃脱"故事中用的手段,具体解答方法就留给读者去思考吧!

十一、巧解九连环

在众多的科学玩具中，我们祖先发明的九连环，算是一种难得的珍品！

九连环由 9 个相同的、一个扣着一个且带着活动柄的金属环，以及一把剑形的框套组成。所有金属环上的活动柄，都固定在一根横木条上。游戏者的目的，是要把 9 个金属环逐一地从剑形框套中脱下来，形成环和框分离的状态；或者从分离的状态出发，恢复成图 11.1 所示的一环扣一环的样子。

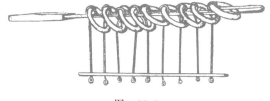

图　11.1

九连环是一种值得收藏的益智玩具。建议读者买一把小学生用的短木尺及 9 个钥匙环,再找几段铁丝,模仿图 11.1 的样子做一个九连环。我想,这副由你亲手制作的玩具,其受益者肯定不止你一个!

　　九连环在我国民间流传极广。大约在 16 世纪以前,九连环便已传到国外。在国外,九连环的记载最早见于 1550 年出版的、著名意大利数学家吉罗拉莫·卡尔达诺(Girolamo Cardano, 1501—1576)的著作,卡当称之为"中国九连环"。1685 年,英国数学家瓦里斯对九连环做了详细的数学说明。19 世纪的格罗斯,用二进位数给了九连环一个十分完美的解答。

　　下面让我们研究一下解九连环的一些规律。为方便起见,我们把脱下 k 个环所需要的基本动作数记为 $f(k)$。如图 11.2 所示的两种脱环手法,每一种我们都称为一个基本动作。

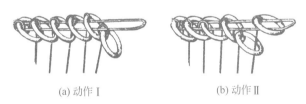

(a) 动作 I　　　　　　　　(b) 动作 II

图　11.2

　　很显然,脱下一个环只需要一个基本动作 I[图 11.2(a)],即

$$f(1)=1$$

而脱下两个环,则需先把第二个环退到剑形框下[基本动作 II,

见图 11.2(b)〕,然后再脱第一个环(基本动作 I),因此共需两
个基本动作,即有

$$f(2) = 2$$

为了求得 $f(n)$ 的一般表达式,今设前 k 个环已用 $f(k)$ 次
的基本动作脱下。现在,用基本动作 II 把第 $k+2$ 个环退到剑形
框下;接下去用 $f(k)$ 次基本动作将原来已经脱下的 k 个环还
原;最后再用 $f(k+1)$ 次基本动作把前 $k+1$ 个环脱下。如
图 11.3 所示。

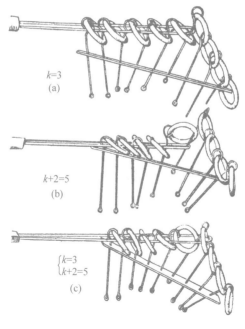

图 11.3

以上的一连串动作,显然对已脱下的第 $k+2$ 个环毫无影响。因此,此时我们实际上已经把前 $k+2$ 个环脱了下来。注意到脱下前 $k+2$ 个环所需的基本动作数为 $f(k+2)$,从而有

$$f(k+2) = f(k) + 1 + f(k) + f(k+1)$$
$$= f(k+1) + 2f(k) + 1$$

把上式变形为

$$[f(k+2) + f(k+1)] = 2[f(k+1) + f(k)] + 1$$

令　　　　　$u_k = f(k+1) + f(k)$

则　　　　　$u_{k+1} = 2u_k + 1$

同理　　　　$2u_k = 2^2 u_{k-1} + 2$

　　　　　　$2^2 u_{k-1} = 2^3 u_{k-2} + 2^2$

　　　　　　　　　$\vdots$

　　　　　　$2^{k-1} u_2 = 2^k u_1 + 2^{k-1}$

将以上 k 个等式相加,并消去等式两端相同的项得

$$u_{k+1} = 2^k u_1 + (1 + 2 + 2^2 + \cdots + 2^{k-1})$$

因为　　　　$u_1 = f(2) + f(1) = 2 + 1 = 3$

所以　　　　$u_{k+1} = 3 \cdot 2^k + 2^k - 1 = 2^{k+2} - 1$

这样,我们便有以下两个关于 $f(k)$ 的递推式子:

$$\begin{cases} f(k+2) + f(k+1) = 2^{k+2} - 1 \\ f(k+2) - f(k+1) = 2f(k) + 1 \end{cases}$$

将以上两式相加得

$$f(k+2)=f(k)+2^{k+1}$$

当 $k=2m$ 时，

$$f(2m+2)=f(2m)+2^{2m+1}$$
$$=f(2m-2)+2^{2m+1}+2^{2m-1}$$
$$=f(2)+(2^{2m+1}+2^{2m-1}+\cdots+2^3)$$
$$=2+2^3+2^5+\cdots+2^{2m+1}$$
$$=\frac{2}{3}(2^{2m+2}-1)$$

即此时有
$$f(k)=\frac{2}{3}(2^k-1)$$

同理，当 $k=2m+1$ 时有

$$f(k)=\frac{1}{3}(2^{k+1}-1)$$

综上，对于任意的自然数 n，我们有

$$f(n)=\begin{cases}\dfrac{1}{3}(2^{n+1}-1) & (n \text{ 为奇数})\\[2ex]\dfrac{2}{3}(2^n-1) & (n \text{ 为偶数})\end{cases}$$

由以上公式，可以计算出九连环数列 $\{f(k)\}$：

$$1,2,5,10,21,42,85,170,341$$

因此，要做到使九连环的 9 个环与剑形框柄脱离，必须进行 341 次基本动作。由于脱环的过程必须做到眼、手、脑并用，而且基本动作之多，少说也要花上 5 分钟的时间，所以从事这项游戏,对于人们的智力和耐性,都是一个极好的锻炼!

需要提及的是,我国民间另有一种叫"九连环"的传统戏法。那是将 9 个金属环(直径约 7 寸,即 17.78cm)熟练运用的技法,或分或合,甚至能套成花篮、绣球、宫灯等样子。这与本节讲的九连环有着本质的不同,前者属单纯的魔术,后者系严谨的科学!

十二、抽象中的形象

1912 年,荷兰数学家 L. E. J. 布劳威尔(L. E. J. Brouwer,1881—1966)证明了一个重要的定理:把一个集合变为其子集合的连续变换,必然存在一个不变动的点。

布劳威尔的不动点原理虽然很抽象,但在现实中却不乏一些形象的例子。在本丛书的《未知中的已知》一册中有专门的章节,介绍这种神奇不动点的绝妙之处!

我想读者一定还记得那本书中的一则故事。一位老师带学生到寺庙去参观一口吊着的大钟。老师钻

进钟内观察，一名调皮的学生想吓唬一下老师，于是用撞钟木撞了一下大钟。结果老师没被吓着，这名学生自己反倒被震耳的钟声吓了一跳！

原来，老师所处的位置恰是声波的不动点。这与用木棍搅动一盆水的道理一样，四周的水都飞快地旋转，而盆中央的水却保持静止。

布劳威尔定理中讲的连续变换，自然不一定是一对一的拓扑变换，但用橡皮膜的收缩来说明抽象的不动点概念，却是很形象的。

事实上，设想一块由橡皮膜做成的平面区域 Ω，在橡皮膜收缩后，缩为 Ω 内部一个小区域 Ω_1；而原来平面的小区域 Ω_1，在橡皮膜收缩后，缩为 Ω_1 内部的一个小小区域 Ω_2；而原来平面的小小区域 Ω_2，在橡皮膜收缩后，则缩为 Ω_2 内部的一个更加小的区域 Ω_3……如此一系列区域所包含的公共点 P，便是在橡皮膜收缩后仍占据原来位置的点，即所述拓扑变换的不动点。如图 12.1 所示。

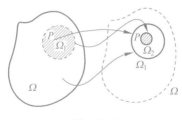

图 12.1

以上证明的结果,还可以用下面近乎游戏的方法表述得更加生动,使抽象的不动点跃然于一张棋盘之上!

如图 12.2 所示,把棋盘看作已知区域,某个连续变换把该区域变换成棋盘的某个部分。假定棋盘上的点 P 变换后成为 Q,则由 P 点发出的向量 $\overrightarrow{PQ}$ 可以形象地看成是由 P 点朝 PQ 方向长出的一根"毛发"。于是,整个棋盘格便可以看成被密密麻麻的"毛发"所覆盖。如果格子里毛发的朝向全都偏东,我们就称这样的格子为"东格";如果格子里毛发的朝向全都偏西,我们就称之

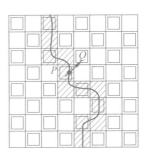

图　12.2

为"西格";如果格子里的毛发朝向既有偏东的,又有偏西的,我们称之为"中格"。很明显,"东格"和"西格"既不能比邻,也不能有一个公共点。否则它们公共点的毛发的朝向便无法确定!因此,无论是东格区域或是西格区域,其本身必然连成一片,而各个区域的周围又必然被"中格"所包围。

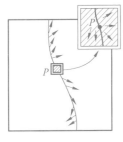

图　12.3

由于最左边的一列格子显然不可能是西格,而最右边的一列格子也不可能是东格,从而必定存在着一条连接上下边的由中格组成的通道。现在,沿着这条通道画一条连接上下边的曲线,如图 12.3 所示。

我们容易明白,这条曲线上的毛发方向不可能都朝上或都朝下,不然的话,边界上的点变换后便要跳出棋盘外,这自然是不允许的!从而在这条直线上至少存在着一个点,在这一点上毛发的方向是水平的!

此外,对任意的中格来说,其中的点的毛发方向,既有偏东的,又有偏西的。那么由于毛发方向的连续性,就一定可以找到竖直方向的毛发。

以上事实表明:存在这样的中格,它上面既有水平方向的毛发,又有竖直方向的毛发,而且这一事实与棋盘格子的大小无关。因此我们不妨设想原先棋盘的格子就已分得非常细,每个格子都非常小。而在这很小的格子里,毛发的方向竟然发生了急剧的变化,这只能说明这个格子中的毛发是极短的!当棋盘格子分得无限细时,我们就得到了一点 P,在这一点处毛发的长度为 0。这个 P 点就是我们要找的不动点!

以上证明最直接的推论便是:一个毛球不可能作为整体被梳顺,它至少存在一个旋涡点。或者更形象地说,在任何时刻,地球上一定有一个地点,在这个地点是没有风的!

图 12.4 是一个毛球的正反两面,正面已被梳顺,反面的旋涡清晰可见!

数学理论的表述往往是很抽象的,而图形则以其生动的形象展现于人们的面前。1874 年,当乔治·康托尔(George Cantor,1845—1918)首次提出集合论的时候,许多人感到难以

正面　　　　　　　反面

图　12.4

理解,甚至把这一理论形容成"雾中之雾"。然而,英国逻辑学家约翰·维恩(John Venn,1834—1923)却建议用简单的圆表示集合,并用两圆相交的公共部分来表示两个集合的交集合,还用图形表达两个集合或三个集合间的种种关系。这种抽象中的形象,使得深奥的集合理论一举变得通俗易懂!

图 12.5 是维恩用来表示两个集合 A、B 之间的关系图,这些形象的图形,就连小学生也不难掌握!

乔治·康托尔

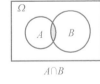

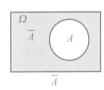

$A \cap B$　　　　　$A \cup B$　　　　　$\overline{A}$

图　12.5

单侧曲面无疑是很抽象的。1858 年，默比乌斯用一条经过扭转后粘合的纸带，使人们形象地看到了这种奇异的曲面。而 1882 年，克莱因把两条默比乌斯带粘合成一只有趣的"怪瓶"，而这只怪瓶又使我们发现了三维单侧曲面的许多奇妙特性！

　　把抽象的东西形象化，又通过直观的形象来深化抽象的内容，这大约是数学教学的真谛。因为，是谋求形象中的抽象，还是谋求抽象中的形象，这正是数学研究与数学教学的分水岭！

十三、中国古代的魔方

1974 年,匈牙利首都布达佩斯的一位建筑学教授爱尔诺·鲁毕克,出于教学的需要,设计了一个工程结构。这个结构十分奇特:26 个棱长为 1.9cm 的小立方体,能自由地围绕一个同样大小的中心块转动;其中的边块和角块可以分别转至任何其他边块和角块的位置。为了区别这些小方块,鲁毕克教授在这些小方块的表面上贴了不同颜色的塑料片,以使人们能一目了然地看清这些小方块的位置移动。这就是世界上的第一个魔方(图 13.1)。

图 13.1

玩魔方的基本要求是,当魔方各个面上的颜色打乱之后,用尽可能少的动作,使之恢复原位。

　　1977 年魔方开始出现于市场，旋即风靡全球。它几乎传遍了世界的各个角落，使许多人为之如痴如狂！不仅如此，类似于魔方的科学玩具，诸如魔棍、魔圆、魔星、魔盘等也应运而生。

　　魔方这种玩具，其貌不扬，为什么会有如此大的生命力呢？原因在于它有约 4.3×10^{21} 种的变化，能使人百玩不厌。

　　可是，读者可能没有想到，在我们这个有着悠久文明历史的东方大国，我们的祖先早在 2000 多年前，就已创造出类似魔方、胜似魔方的科学玩具！

　　传说在春秋时期（公元前 770—前 476）的鲁国，有一个叫鲁班（公元前 507—前 444）的能工巧匠，他为了测试一下自己的孩子是否聪颖，经过精心的构思，制造出一种叫作"六通"的科学玩具

鲁班

（图 13.2）。"六通"是由 6 块大小一样、中段有不同镂空的正四棱柱形木块组装成的一个紧致、牢固的木结构。

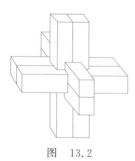

图　13.2

　　一天傍晚，鲁班把儿子叫来，当着儿子的面把"六通"拆开，要求他在第二天黎明前把拆开的"六通"重新组装起来。

　　鲁班的儿子非常聪明，但他仍为组装"六通"而忙碌了整整一夜。功夫

不负有心人,鲁班的儿子终于在翌晨曙光初照之前,把"六通"重新组装好。

"六通"结构严密、科学性强,比鲁毕克的魔方更富有立体感。它具有约 300 万种不同的可能组合,其中只有一种组合可以取得成功。如果有人想把所有可能组合都试一遍,那么,即使是一秒钟试一种,也需要夜以继日地试个把月。

如果说,具有三四十年历史的魔方可以算作科学玩具的话,那么经历了 2000 个春秋的"六通",真可算得上是科学珍品了!"六通",这一中国古代的魔方,也和许多为世人所瞩目的创造和发明一样,闪烁着我们伟大民族的智慧光芒!

那么,"六通"的神奇结构是怎样的呢?

请你先按图 13.3 所示,自己制作一副"六通"吧!

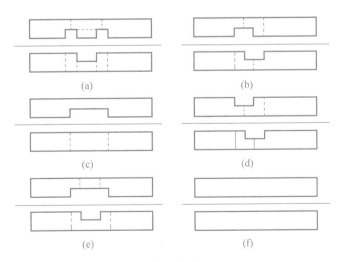

图 13.3

亲爱的读者,如果你是首次接触"六通",并能在 3 小时之内独立组装好,那么你应当受到称赞;如果你能在 2 小时之内组装好,你应当为自己的想象力和超人的智商感到骄傲!可不是嘛,鲁班儿子还用了差不多七八个小时呢!

不过,假如你长时间组装"六通",但还没能取得成功,请千万不要气馁。因为这并不能说明你智慧和能力的不足,而只是在摸索的方法上出现了某些偏差罢了。请不要过多地浪费自己宝贵的时间了,看一看下面的直观图吧(图 13.4)!它将使你了解组装"六通"的正确思路。图中木条旁边的数字,代表着视图中相应的木块。

亲爱的读者,当你如图 13.4 依次把 5 条小木块装上之后,将会惊奇地发现一个方形的空洞,接下去只需再把剩下的一块实心木条塞进这个洞里再顶平,神奇的"六通"也就组装好了!

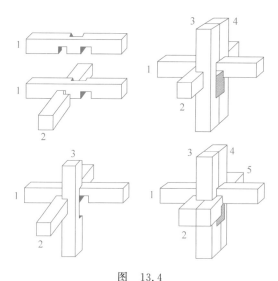

图　13.4

十四、十五子棋的奥秘

　　有一种与魔方亲缘甚密的图形还原游戏,叫"十五子棋"(图 14.1)。在有 16 个方格的盒子里,装着 15 块标有从 1 到 15 的数字的小方块,并留有一个空格。开始时,小方块是随意地放进盒子里的。游戏的要求是,有效地利用空格,调动小方块,使盒子上方块的数字还原到如图 14.2 所示的正常位置。现在的问题是,这样做可能吗?

2	13	7	14
11		1	4
6	12	10	5
15	9	3	8

图　14.1

1	2	3	4
5	6	7	8
9	10	11	12
13	14	15	

图　14.2

这是一个相当简单的游戏,几乎人人一看都会明白。然而有时我们能够轻易取得成功,但有时无论我们做怎样的努力,却无法取得成功!那么,奥妙究竟在哪里呢?

可能读者已经注意到,空格是能够移动到盒子的任何位置的。我们也很容易利用空格把方块 1、2、3 依次调动到各自正常的位置上去。不过,当这 3 个方块安顿好之后,想不动方块 3 而把方块 4 也移到正常位置上,却似乎有些为难。不过,用图 14.3 所示的办法我们就能做到这一点。这里需要移动的只是一块 2×3 方格的区域;而且很显然,只要有一块 2×3 的方格区域,就一定能够做到这一点!方块 3 虽然动了一下,但后来又恢复到原先的位置,如图 14.4 所示。

图 14.3

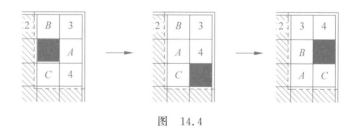

图 14.4

现在方块 1、2、3、4 已经在正常的位置上,接下去方块 5、6、7、8 也可以同样恢复到正常位置,再接下去我们还可以

把方块 $\boxed{9}$ 和 $\boxed{13}$ 移到各自正常的位置上。此时我们仍有 2×3 方格的地盘,正如前面说过的那样,在这一区域,我们依然可以把方块 $\boxed{10}$ 和 $\boxed{14}$ 各自安放在正常的位置上。

至此,我们已经安放好了 12 个方块,它们都已被放在各自正常的位置上。剩下的位置是 3 个方块 $\boxed{11}$ 、 $\boxed{12}$ 、 $\boxed{15}$ 和 1 个空格。我们可以轻易地把 $\boxed{11}$ 移到自己的位置,而把空格移至盒子的右下角。这时可能出现两种形式,如图 14.5 所示。

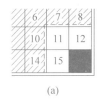
(a)

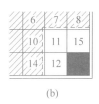
(b)

图 14.5

第一种是图 14.5(a)所示的形式,此时所有的方块都已在正常的位置上,这表明我们已经取得了成功。第二种是图 14.5(b)所示的形式。现在的问题是,图 14.5(b)的形式还能不能通过移动变为图 14.5(a)的形式呢?

答案是否定的!

事实上我们可以把所有盒子里的方块看成一个数的顺列,而把空格当成数 16。这样,图 14.5(a)的顺列为:

1,2,3,4,5,6,7,8,9,10,11,12,13,14,15,16

而图 14.5(b)的顺列则为：

1,2,3,4,5,6,7,8,9,10,11,15,13,14,12,16

现在读者看到，图 14.5(b)的顺列与图 14.5(a)的正常顺列相比，其中有些数字的位置被打乱了，有些大的数跑到小的数的前面去，这种现象我们称为"逆序"。逆序可以采用点数的办法算出来。例如图 14.5(b)的顺列，前 11 个数都没有出现逆序，而后面的 5 个数为：

15,13,14,12,16

其中 15 跑到 13、14、12 这 3 个较小数的前面，因而出现了 3 个逆序，而 13、14 跑到 12 的前面，这里又出现了两个逆序。此外再也没有其他逆序了。因此图 14.5(b)的顺列共有 5 个逆序。

稍微认真分析一下，读者便会发现，在"十五子棋"中，方块和空格的移动，都不会引起原先顺列逆序的奇偶性的改变！由于图 14.5(a)的顺列为偶逆序，而图 14.5(b)的顺列为奇逆序，因而图 14.5(b)的形式是不可能通过方块棋子的移动变为图 14.5(a)形式的。这就是为什么"十五子棋"有时能够成功，而有时不能成功的道理！

图 14.6 是一道练习题，请读者用逆序的理论判定一下，这些方块是否能够移动到正常的位置？

	1	2	3
4	5	6	7
8	9	10	11
12	13	14	15

图　14.6

一种游戏之所以使人感兴趣，在于玩家经一番努力思考之后，能突然间享受到成功的欢悦。如果一种游戏一开始便得知最终的结果，自然也就乏味多了。这大约既是数学的缺点，也是数学的伟大。

图 14.7 是一个跟"十五子棋"一样在 4×4 方格棋盘上进行的游戏。一只每个面都与方格一样大小的骰子放在右上角，

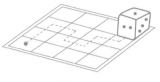

图　14.7

点数 • 朝上。现在让骰子在棋盘上一格一格地翻动，不许滑动也不许提起，要求最后翻到左下角，并使点数 • 与图中的圆点重合。图中的虚线表明只要翻动 8 次便能达到目的。这大约是所需要的最少次数了！亲爱的读者，你能用自己的智慧，对这个似乎乏味的游戏进行数学上的分析吗？

在我国民间，流传着一种精妙绝伦的玩具，叫"三国棋"，又称"华容道"，它也是一种在方形棋盘上移动的游戏。这一游戏与小说《三国演义》中一个脍炙人口的故事有关。

在小说《三国演义》中有一个精彩的片段，叫"智算华容"。这一段说的是，七星坛诸葛祭风，三江口周瑜纵火，火烧连营，曹操数十万军马毁于一旦，只落得带领几骑护卫仓皇逃命！话说诸葛亮算定曹操必然往华容道方向逃窜，便派赵云、张飞，配合东吴大将黄盖、甘宁，沿途围追堵截。诸葛亮又立下军令状，命关云长扼守华容道，务将曹操擒拿到手。一切都准确地按诸葛亮的神算成为现实。最后，当曹操逃至华容道时，"义重如山"的

关云长却抵不住曹操的"情义经",最后把他放走了……

精妙的"三国棋"就是根据这段故事设计的,其构造如图 14.8 所示。在 5×4 格的方盒里,放上 10 个大小不等的木块,各木块上写有兵将的名字。其中,代表曹操的方块最大,为 2×2 格;两旁竖放的 1×2 格的木块代表围追堵截的四将;中间横着的 2×1 格木块代表关云长;关云长下面是 4 个 1×1 方格的小兵;小兵下方是一个两格单位长的开口;此外,方格中还有两个空格。游戏要

图　14.8

求,不取出木块,仅在方盒中移动各木块,最后使"曹操"得以从开口处"逃命"(即移动出去)。

这个游戏既有趣,又有很大难度,至少需要 81 次移动,才能使"曹操"逃脱。不过 81 这一数字,只是无数实践对我们的提示! 它是不是最少的移动次数,至今仍然是一个谜

建议读者用纸板自制一副"三国棋"。说不定这个游戏可以伴你度过几个难忘的周末。

---

[1]　前不久,有消息报道:美国人通过计算机,用"穷举"的办法,发现"81"是标准华容道游戏所需要的最少步数,但时至今日,人们仍呼唤"纸质证明"的诞生!

　　图 14.9 是这个游戏的解答提示,图中标出了关云长和曹操应走路线的示意。读者只有亲自实践一番,才能体会到这种图形提示的含义和作用。至于它们的数学意义,就留给读者们去"智者见智"了!

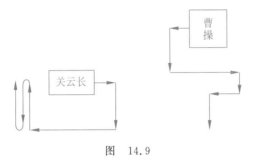

图　14.9

十五、剪刀下的奇迹

我国著名数学家华罗庚(1910—1985)教授曾经用一道简单而有趣的问题做引子,介绍了一门新兴的数学分支——统筹方法。

问题是这样的。要想泡茶,当时的情况是,没有开水,开水壶要洗,茶壶、茶杯要洗,火已生了,茶叶也有了,怎么办?

华罗庚

办法自然有,例如:

办法一。先洗开水壶,灌上凉水,放在火上;然后坐等水开,水开后立即洗茶壶,洗茶杯,拿茶叶,泡茶喝。

办法二。先洗开水壶、茶壶、茶杯,并拿来茶叶;一切就绪后再灌水、烧水,坐待水开后泡茶喝。

办法三。先洗开水壶，灌上凉水，放在火上；在等待水开的时间里，洗茶壶，洗茶杯，拿茶叶，水一开就泡茶喝。

我想聪明的读者都已看出，第三种办法最好。前两种办法都"窝了工"，造成了时间上的浪费。

仔细分析一下就会知道，在要做的许多事中，有些事必须做在另一些事的前面，而有些事则一定要做在另一些事的后面。举例来说，不洗开水壶，即使水烧开了，卫生没有保证，自然是不可取的。因此，洗开水壶是烧开水的先决条件。同样，烧开水、洗茶壶、洗茶杯、拿茶叶都是泡茶的先决条件。在图 15.1 中，可以使人一目了然地看清楚各事件间的先后顺序和相互关系。箭头线上的数字表示完成这一动作所需要的时间（图中单位：分钟）。

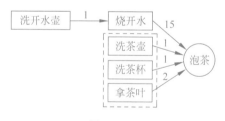

图　15.1

用数字表示任务，并把本身没有什么先后顺序，而且是同一个人干的活合并起来，便有这种箭头图，我们称为"工序流线图"（图 15.2）。当然，华罗庚教授所举例子中的工序流线图是极为

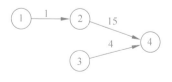

图　15.2

简单的！在一般情况下,需要完成的任务很多,内部关系纵横交错,因而工序流线图也就比较复杂。

对于一项工程来说,一个很主要的指标是,完成它需要多长时间？例如上面泡茶的例子,完成它至少需要 16 分钟。这是根据用时最长的一条工序流线 ① $\xrightarrow{1}$ ② $\xrightarrow{15}$ ④ 计算出来的。这条用时最长的工序流线,我们称为主要矛盾线。工序流线图中的其余工序,显然都可以安排在完成主要矛盾线的同时去完成。正如泡茶例子中的工序③→④,即洗茶壶、洗茶杯、拿茶叶,可以安排在工序②→④,即烧开水的同时去完成。

通过图 15.2,读者可以很容易明白,主要矛盾线上如果延误 1 分钟,整个工程完成的时间也势必延迟 1 分钟；相反,如果主要矛盾线上提早完成了,那么整个工程也就有希望提早完成！

下面是一张生产计划表(表 15.1)。

表 15.1　生产计划表

编号	任务	后继任务	需用时间/单位时间
1	U	A、B、C	2
2	A	L、P	3
3	B	M、Q	4
4	C	N、R	3
5	L	S	7
6	M	S	8
7	N	S	9
8	P	T	6
9	Q	T	10

编号	任务	后继任务	需用时间/单位时间
10	R	T	5
11	S	V	6
12	T	V	6
13	V	——	4

表 15.1 相应的工序流线图如图 15.3 所示。

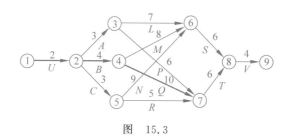

图　15.3

要找出该生产计划的主要矛盾线,就必须算出各种工序流线所需要用的时间,如表 15.2 所示。

表 15.2　各工序流线所需的时间

编号	工 序 流 线	需用时间/单位时间
1	①→②→③→⑥→⑧→⑨	22
2	①→②→④→⑥→⑧→⑨	24
3	①→②→⑤→⑥→⑧→⑨	24
4	①→②→③→⑦→⑧→⑨	21
5	①→②→④→⑦→⑧→⑨	26
6	①→②→⑤→⑦→⑧→⑨	20

由表 15.2 可以看出，编号为 5 的工序流线为该生产计划的主要矛盾线。它表明要完成这项生产计划所花时间不能少于 26 个单位时间。

不难想象，对于更为复杂的工序流线图，要像上面那样找出主要矛盾线是极为困难的！不过，读者可能没有想到，要解决主要矛盾线的问题，只需一把普通的剪刀就够了！要说明这种剪刀下出现的奇迹，我们还得从"紧绳法"讲起。

大家都知道，如果从甲地到乙地有两条路可走，人们总是走近路。但对于交通发达、道路纵横的区域，要想从一个地方走到另一个地方，想走近路就不是那么容易了！

有一种巧妙的办法，可以使人在几分钟甚至几秒钟内，从几十条甚至几百条的道路中，选出一条最短的路来，这就是"紧绳法"。

紧绳法是这样的：把区域的交通图铺在平板上，然后用不容易伸缩的细线，仿照地图上的线路结成一张如图 15.4 所示的交通网。如果我们需要找出从 A 到 B 的最短线路，只要用手捏住 A、B 两点的线头，用力把它们往相反的方向拉开，则所拉成的直线 ACDEB 就是我们所要找的最短线路。道理无须多说，读者也会明白。

现在转到找主要矛盾线上来。明眼的读者可能已经看出，工序流线图有点像城市的交通网，只是把完成任务的时间看成

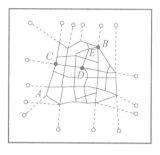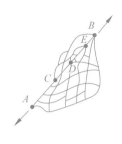

图　15.4

相应道路的长短,同时任务的进行是有方向的罢了! 可惜这里要求的不是最短的线路,而是最长的线路。

不过,我们可以利用一把剪刀,把"紧绳法"巧妙地移植到本节所求的问题上来。

像"紧绳法"那样,用不容易伸缩的细线编成一个工序流线图那样的网。仍以表 15.1 所示的生产计划为例,如图 15.5 所示,网中各段细线的长度表示完成相应工序所用的时间。

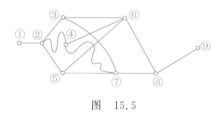

图　15.5

拉紧①、⑨可得图 15.6。

以上显然求出了从①到⑨的最短线路。为求主要矛盾线,

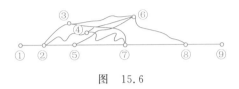

图 15.6

我们可将直线段①—⑨上有分叉的某一节剪去。当然,剪时最好能从头开始,同时还要注意到剪后新图上工序的合理性。例如,剪去②—⑤并拉紧①、⑨可得图15.7。

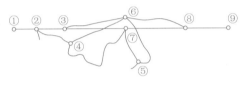

图 15.7

同理,剪去图 15.7 中的②—③并拉紧①、⑨得图 15.8。

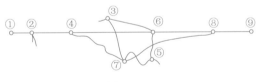

图 15.8

读者从图 15.8 中不难看出:工序⑦→③→⑥与工序⑦→⑤→⑥并不存在(箭头方向不对!),因而线头③和⑤实际上不起作用,可以大胆剪去,得到图 15.9。

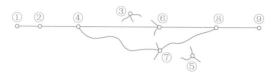

图　15.9

最后,剪去④—⑥得到图 15.10。

图　15.10

现在已经没有分叉了。所得的最长线路为

①—②—④—⑦—⑧—⑨

这显然与我们前面通过计算得到的主要矛盾线是一样的!

瞧!剪刀下果真出现了奇迹!这是当初数学家们所没料到的!

十六、图上运筹论供需

在我们这个繁忙的星球表面，布满了密密麻麻的交通网，每日每时都有数不清的车辆在这种网状的道路上奔驰！它们的任务是按各自的意愿，把各种物资从地球上的一个角落移动到另一个角落，很少有人思考一下这样做是否合理。货主和司机全都我行我素，按各自既定的想法去做：多装，快跑，减少空车！

倘若各位读者能有机会向那些汗流浃背的司机们打听一下,问问他们在尘土飞扬的道路上忙碌些什么,或许你会发现一些极为奇怪的现象:运输力存在着惊人的浪费,不少车辆正在不遗余力地做无用功!

举例来说,图 16.1 是一张某种物资调运的流向图。图中的"○"表示该地调出物资;"×"表示该地调入物资;写在旁边的数字为供需数量;道路右侧的箭头"——→"表示物资流向,箭头上的读数(m)为该流向上的流量(单位:吨)。

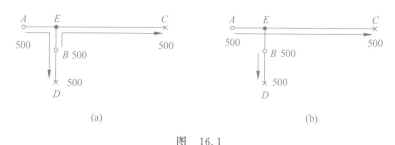

图　16.1

很明显,图 16.1(a)的调运方案是不合理的。因为在 BE 一段道路上出现了运输对流的现象。这种对流无疑造成了浪费,不如改为图 16.1(b)的调运方案更好!

另一种运输力浪费的现象是迂回:在成圈的交通图上,从一地到另一地的两条路中,如果有一条小于半圈长,则另一条必大于半圈长。假如这时我们不走小半圈而走大半圈(图 16.2),这便是迂回。

迁回现象有时似乎相当隐蔽。如图 16.3 所示的调运方案，交通供需图上有大小 3 个圈，其中由〔$CDEFGH$〕所围成圈的外圈流向长（简称外圈长）为

$$GF + ED + CH = (252 + 317 + 180) \text{千米} = 749 \text{ 千米}$$

超过了该圈长度 1381 千米的一半，所以外圈流向出现了迂回。这是不太容易一眼看出的！

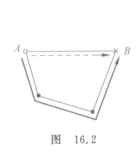

图 16.2

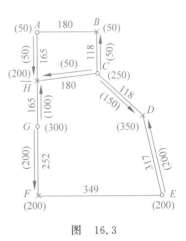

图 16.3

注：括号内数字为物资量（单位：吨），非括号内数字为里程（单位：千米）

数学家已经从理论上证明，凡是有对流和迂回的调运方案一定不是最好的。对流的不合理性是不言而喻的。迁回的出现，则表明至少存在一个圈，它的外圈长或内圈长大于该圈长的一半。这时，我们一定有办法通过调整，使它变为所有的外圈长

和内圈长都小于半圈长的流向图！而这样的调整必然使总运输量相应减少,从而得到比原来更优的方案。反过来,数学家们还证明了没有对流和迂回的调运方案一定是最优的！这一判定法则可以归纳为以下的口诀:

物资流向画两旁,发生对流不应当;

里圈外圈分别算,都不超过半圈长。

很显然,对于不成圈的供需图,自然谈不上什么迂回。因此只要流向图不出现对流,调运方案便是最优的。要做到这一点,只要从端点起逐步由外向内供需配平就可以了。图 16.4 是一个无圈的供需例子,可供读者参照练习。

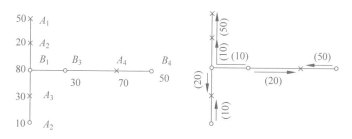

图 16.4

单位:吨

现在我们再看看,怎样去寻找有圈供需图的最优调运方案？下面介绍一种称为"缩圈法"的巧办法。为了说明这种方法,我们仍旧采用前面讲过的例子。

先在交通供需图上画出一个没有对流的初始方案。这是容易做到的。实际上前面图中标的就可以看成是一种初始方案。相应于这一方案的调运表如表 16.1 所示。

表 16.1　初始方案调运表　　　　　　　　　吨

调入\调出	A	C	E	G	需求
B		50			50
D		150	200		350
F				200	200
H	50	50		100	200
供给	50	250	200	300	800

容易算出以上方案的总运输量为

$$W = (50 \times 165 + 50 \times 118 + 150 \times 118 + 50 \times 180 +$$
$$200 \times 317 + 200 \times 252 + 100 \times 165) \text{吨} \cdot \text{千米}$$
$$= 171\ 150\ \text{吨} \cdot \text{千米}$$

正如前面所说,这一方案并非最优方案,因为它至少还有一个圈的外圈长大于半圈(〔CDEFGH〕的外圈)。但我们可以通过以下的办法,逐步调优。

(1) 找出超过半圈长的外圈流向(或内圈流向)中运量最小的一段。例中为〔CDEFGH〕外圈的 CH 一段流向,它的运量为 50 吨。

(2) 甩掉这个流向,适当改变这一圈的其他流向,将得到一个新的没有对流的流向图。图 16.5 为例中甩掉 CH 一段流向后得到的新调运方案,其相应调运表如表 16.2 所示。

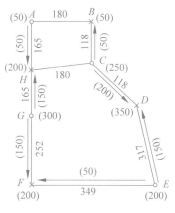

图 16.5

注:括号内数字为物资量(单位:吨),非括号内数字为里程(单位:千米)

表 16.2　新方案调运表　　　　　　　　　　吨

调入＼调出	A	C	E	G	需求
B		50			50
D		200	150		350
F			50	150	200
H	50			150	200
供给	50	250	200	300	800

容易算出这时的总运输量为

$$W' = (50 \times 165 + 50 \times 118 + 200 \times 118 + 150 \times 317 +$$

$$50 \times 349 + 150 \times 252 + 150 \times 165) \ 吨 \cdot 千米$$

$$= 165\ 300\ 吨 \cdot 千米$$

比原方案节省了 5850 吨·千米！

新的调运方案是不是最优的？如果不是最优的，读者还可以再用"缩圈法"把它调整为更优，直至取得最优方案为止。亲爱的读者，你能判断以上方案是否最优吗？

最后还要提到的是，本节介绍的课题，是一门数学分支——运筹学的精彩篇章。这一在供需图上"运筹帷幄"的巧办法，还是我国数学工作者从实践中总结出来的呢！

十七、邮递员的苦恼

在"一、哥尼斯堡问题的来龙去脉"中我们说过，一个连通的网络，当且仅当它的奇点数为 0 或 2 时，才能由"一笔画"画成。而且要使它成为一个首尾相接的封闭回路，网络的顶点必须全是偶点。这是大数学家欧拉于 1736 年首先发现的。

1959 年，我国山东大学的一些学者，把"十六、图上运筹论供需"中讲到的物资调运的图上作业法，与 200 多年前欧拉发现的奇偶点原理科学地联系起来，巧妙地运用于以下的投递线路问题，在实践应用上迈出了可喜的一步！

大家知道，邮递员为了完成投递任务，每天必须从邮局出发，走经投递区域内的所有道路，最后返回邮局。邮递员应当怎样安排自己的投递路线，才能使投递线路最短呢？这显然是邮递员所苦恼的问题。

下面让我们分析一下投递线路问题的实质。

很显然,投递的线路必须是连通的。因而,对某个邮递员来说,他所负责的投递路线,可以看成是一个脉络。

如果上述脉络所含的全是偶点,那么脉络中的所有弧线便能形成一条封闭的回路。此时,求最短投递线路,实际上就是"一笔画"问题。而且邮递员从邮局出发,最后回到了邮局,完成了一次循环。

如果一个投递网络除了偶点之外还含有奇点,由于网络的奇点必定成双,因而我们可以将奇点分为若干对,在每对奇点之间用弧线连接,使添加弧线后的新图形成为不含奇点的脉络。前面说过,这样的脉络的全部弧线可以构成一条封闭回路,从而为邮递员提供了一条可行的投递线路。

图 17.1 是一个简单的例子。图中的方格状道路网代表投递区域,"★"为邮局,奇点间添加的弧线画成虚线,相应的投递

路线为

$$K(\bigstar) \to H \to G \to F \to E \to D \to C \to B \to A \to I \to A$$

$$\to B \to J \to D \to E \to K \to J \to I \to H \to K(\bigstar)$$

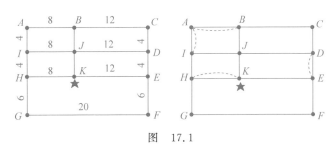

图 17.1

容易算出这条投递路线的总长度为 140 个单位长度。

读者可能已经注意到,对于一个网络,奇点间用弧线连接的方法是多种多样的,各种添加的方法都提供了一种可行的投递路线。问题是,哪一种投递路线才是最合理的呢?

答案几乎是显而易见的! 即添加进去的弧线应当越短越好。要达到这一点,显然必须做到以下两点。

(1) 添加进去的弧线不能出现重叠;

(2) 在每一个圈状的道路图上,添加进去的弧线,其长度的总和不能超过该圈长的一半。

用上面两条原则,判断一下前面例子中的那种弧线的添加方法,就会发现其中有不合理的地方。在〔$ABKH$〕圈中,添进弧线的总长度显然大于该圈长度的一半!

对于添加进去弧线的总长度大于圈长一半的情形,有一种简单易行的调整办法,可以使得添加弧线的总长度小于半圈长。
读者只要看一看图 17.2,便会明了这种方法。

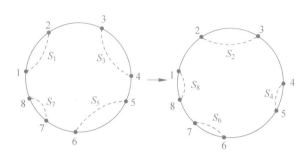

图　17.2

即在该圈中,撤去原先添加的弧线,改为添加原先没有添加

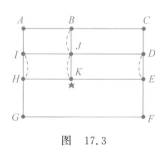

图　17.3

的部分。这样做,网络所有顶点
的奇偶性都没有改变,但却使总
弧线的长度减小了,其道理是显
而易见的!

　　现在回到前面的例子上来。
按上面的办法调整后可得图 17.3。

此时,相应的投递路线为

$$K(★) \rightarrow J \rightarrow K \rightarrow H \rightarrow G \rightarrow F \rightarrow E \rightarrow D \rightarrow C \rightarrow B \rightarrow A$$
$$\rightarrow I \rightarrow H \rightarrow I \rightarrow J \rightarrow B \rightarrow J \rightarrow D \rightarrow E \rightarrow K(★)$$

　　投递路线的总长度容易算得为 132 个单位,比原先少了 8
个单位。不难看出,所得的新网络(图 17.3)已经符合前面提到

的两条原则,因而相应投递线路已是最为合理的了!

邮递线路问题的解决,是奇偶点原理与图上作业法的科学结合,是数学知识古为今用的典范。以下生动的口诀,将帮助你记住这一有用的方法:

先分奇偶点,奇点对对连;

连线不重叠,重叠要改变;

圈上连线长,不得过半圈。

十八、起源于绘画的几何学

　　几乎所有的画家都能熟练地运用透视的原理。因为透视原理能帮助作画者对物体的形态做出正确而科学的观察。

　　从绘画角度讲,所谓透视就是透过一层直立于人眼与物体之间的平板玻璃来看物体。这时,我们可以把平板玻璃看成画面,在平板玻璃上看到的物体的缩影,就是我们画面所需要的形象。我国唐代诗人杜甫在成都描写草堂四周的景致时,曾留下一首千古绝句:

　　　　两个黄鹂鸣翠柳,一行白鹭上青天。

　　　　窗含西岭千秋雪,门泊东吴万里船。

　　这首诗实际上是杜甫坐于草堂书屋中,透过门和窗,对外部环境透视的精妙描写!

在绘画中,画面上正对作画者眼睛的一点称为心点。凡与画面垂直的直线,都在心点消失。图 18.1(a)是从上往下看的平面图,图上有 3 条平行的火车轨道,轨道右侧是一排树木。图 18.1(b)是图 18.1(a)中人站在"×"点处时的透视图,垂直于画面而伸向远方的树木、铁轨和电线杆,都在心点交合。

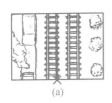

(a)　　　　　　　　　　(b)

图　18.1

在欧洲文艺复兴时期,透视学的成就与绘画史的光彩交相辉映!许多著名的画家,包括多才多艺的达·芬奇,以他们非凡的技巧和才能,为透视学的研究做出了卓越的贡献。他们的成果很快影响到几何学,并孕育出一门新的几何学分支——射影几何学。

如图 18.2 所示,所谓射影是指从中心 O 发出的光线投射锥,使平面 Q 上的图形 Ω,在平面 P 上获得截景 Ω'。则 Ω' 称为 Ω 关于中心 O 在平面 P 上的射影。射影几何学就是研究在上述射影变换下不变性质的几何学。显然它既不同于今天中学课本里学习的欧几里得几何学,也不同于前文介绍的橡皮膜上的几何学!

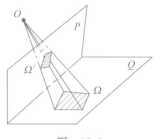

图　18.2

为射影几何学的诞生奠基的是两位法国数学家:吉拉德·德萨格(Girard Desargues,1591—1661)和布列斯·帕斯卡(Bryce Pascal,1623—1662)。

1636 年,德萨格出版了《用透视表示对象的一般方法》一书。在这本书里,德萨格首次给出了高度、宽度和深度"测尺"的概念,从而把绘画理论与严格的科学联系起来。不可思议的是,对于这种科学上的进步,当时却受到了来自多方面的抨击,致使德萨格为此愤愤不平!他公开宣布,凡能在他的方法里找到错误者,一概奖给 100 个西班牙币;谁能提出更好的方法,他本人愿意支付 1000 法郎。这实在是对历史的一种嘲弄！

1639 年，德萨格在平面与圆锥相截的研究中，取得了新的突破。他论述了 3 种二次曲线都能由平面截圆锥而得，从而可以把这 3 种曲线都看成是圆的透视图形，如图 18.3 所示。这使有关圆锥曲线的研究有了一种特别简洁的形式。

不过，德萨格的上述著作后来竟不幸失传，直至 200 年后，1845 年的某一天，法国数学家查理斯由于一个偶然的机会，在巴黎的一个旧书摊上意外地发现了德萨格原稿的抄本，从而使德萨格这一被埋没了的成果得以重新发放光辉！

图　18.3

德萨格之所以能青史留名，还由于以下的定理：如果 2 个空间三角形对应顶点的 3 条连线共点，那么它们对应边直线的交点共线，如图 18.4 所示。这个定理后来便以德萨格的名字命名。

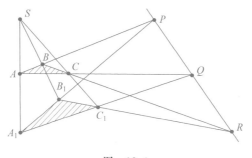

图　18.4

有趣的是,把德萨格定理中的"点"改为"直线",而把"直线"改为"点",所得的命题依然成立。即如果 2 个空间三角形的对应边直线的 3 个交点共线,那么它们对应顶点的连线共点。

在射影几何学中,上述现象具有普遍性。一般地,把一个已知命题或构图中的词语,按以下"词典"进行翻译:

点	直线
在……上	经过……
连接两点的直线	两条直线的交点
共点	共线
四角形	四边形
切线	切点
轨迹	包络
⋮	⋮

将得到一个"对偶"的命题。两个互为对偶的命题,要么同时成立,要么同时不成立。这便是射影几何学中独有的"对偶原理"。

布列斯·帕斯卡

射影几何学的另一位奠基者是广大读者所熟悉的,数学史上公认的"神童"——法国数学家布列斯·帕斯卡。他的成就充满着传奇。帕斯卡的父亲也是一位数学家,不知什么原因,他极力反对帕斯卡学习数学,甚至把数学书全都藏了起来。不料,这一切反而使爱动脑筋的帕斯卡对数学这一"神秘的禁区"更加向往,并在小小年纪,便独立证明了平面几何中的一条重要定理:三角形内角和等于180°。

帕斯卡的数学天赋竟使他父亲激动得热泪盈眶,并一改过去的态度。他不仅不再反对帕斯卡学习数学,而且全力支持他,亲自带领帕斯卡去参加法兰西科学院创始人梅森主持的讨论会。当时帕斯卡才14岁。

1639年,帕斯卡发现了使他名垂青史的定理:若A、B、C、D、E、F是圆锥曲线上任意的6个点,则由AB与DE,BC与EF,CD与FA所形成的3个交点共线!如图18.5所示。

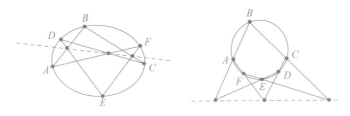

图　18.5

帕斯卡的这个定理精妙无比!它表明一个圆锥曲线只需5个点便能确定,第6个点可以通过定理中共线的条件推出。这个定理的推论多达400余条,简直抵得上一部鸿篇巨制!

不料,帕斯卡的这一辉煌成果,竟引起了包括大名鼎鼎的笛卡儿在内的一些人的怀疑,他们不相信这会是一个16岁孩子的思维,而认为这是帕斯卡父亲的代笔!不过,此后的帕斯卡成果累累：19 岁发明了台式加减计算机；23 岁发现了物理学上著名的流体压强定律；31 岁与费马共同创立了概率论；35 岁对摆线的研究取得了重大成果……帕斯卡这一系列的成就，终于使所有持怀疑态度的人折服了！至此，人们无不交口称赞这位法国天才的智慧光辉！

不幸的是，德萨格和帕斯卡这两位射影几何学的先驱，竟于1661 年和 1662 年先后谢世。此后，射影几何学的研究没有得到人们的应有重视，并因此沉寂了整整一个半世纪，直至又一位法国数学家庞斯莱的到来。

十九、传奇式的数学家庞斯莱

　　在射影几何学的故乡法国，当两位奠基者相继去世之后，对这门学科的研究竟然沉寂了一个半世纪，直至后来出现了另一位数学家。他就是传奇式的人物庞斯莱。

　　吉恩·庞斯莱（Jean Poncelet，1788—1867）出生在法国的梅斯城，22 岁毕业于巴黎的一所军事工程学院，曾受业于著名的数学家、画法几何学的奠基人伽斯帕·蒙日（Gasper Monge，1746—1818）和拉扎尔·卡诺（Lazare Carnot，1753—1823）。庞斯莱于大学毕业后即加入了拿破仑的军队，担任一名工兵中尉。

吉恩·庞斯莱

1812年,叱咤风云、纵横一世的拿破仑被一系列胜利冲昏了头脑。为了实现称霸欧洲的夙愿,他终于走出了一步冒险的"棋",他决计亲率60万大军,远征莫斯科!不料沙皇亚历山大一世起用了老谋深算的将军库图佐夫为总司令,毅然避开了法军的锋芒,把拿破仑的军队引入坚壁清野了的莫斯科。此后,法军困守空城,饥寒交迫,又被库图佐夫拦断西退的去路,终于面临绝境!

此时的庞斯莱服役于远征军的纳伊军团。当拿破仑为摆脱困境而决计西撤时,俄军大举反攻,致使法军近乎全军覆没。1812年11月18日,纳伊军团被歼,顿时血溅沙场,尸横遍野,庞斯莱也受了重伤。

当俄国军队清扫战场的时候,发现这个受了伤的法国军官一息尚存,于是把他抓了起来,作为一名俘虏,送回到俄国的后方。庞斯莱因此侥幸拣回一条命。

翌年3月,庞斯莱被关进了伏尔加河岸边的沙拉托夫监狱。开始的一个月,他面对铁窗,精疲力竭,万念俱灰!后来随着春天的到来,明媚的阳光透过铁窗的栏栅,投进了监狱的地面,留下了一条条清晰的影子。这一切突然引发了庞斯莱的联想,往日蒙日老师教授的"画法几何学"和卡诺老师教授的"位置几何学",一幕幕闪现在他的脑海。庞斯莱发现,回味和研究往日学过的知识,是在百无聊赖中最好的精神寄托!

此后的庞斯莱似乎焕发了青春。他利用一切可能利用的时间,或重温过去学过的数学知识,或潜心思考萦回于脑际的问题:在射影变换下图形有哪些性质不变?当时监狱的条件极差,没有笔也没有纸,书就更不用说了。然而这一切并没有使庞斯莱气馁!他用木炭条当笔,把监狱的墙壁当成演算和作图的特殊黑板,还四处搜罗废书页当稿纸。就这样经过了 400 个日日夜夜,他终于写下了 7 大本研究笔记。而正是这些字迹潦草的笔记,记述了一门新的几何学分支——射影几何学的光辉成果!

1814 年 6 月,庞斯莱终于获释。同年 9 月,他回到了法国。回国后,他虽然升任工兵上尉,但仍孜孜不倦地追求新几何学的理论。在 7 本笔记的基础上,又经过 8 年的努力,他终于在 1822 年,完成了一部理论严谨、构思新颖的巨著——《论图形的射影性质》。这部书的问世,标志着射影几何学作为一门学科的正式诞生!

下面让我们欣赏一下庞斯莱赖以建造射影几何学大厦的基石。庞斯莱的研究是从“交比”的概念开始的。如图 19.1 所示,S 为中心,从 S 发出的 4 条射线 a、b、c、d 组成了一个固定的线束 $S(abcd)$。一直线 l 分别交线束于 A、B、C、

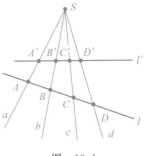

图 19.1

D 4 点。庞斯莱证明了交比 γ：

$$\gamma = (ABCD) = \frac{AC}{BC} : \frac{AD}{BD}$$

对于线束 $S(abcd)$ 来说是一个不变量。这就是说，如果另一条直线 l' 依次交线束于 A'、B'、C'、D'，则有

$$(A'B'C'D') = (ABCD)$$

事实上，根据正弦定理有

$$\frac{AC}{BC} = \frac{SC \cdot \dfrac{\sin(a,c)}{\sin(a,l)}}{SC \cdot \dfrac{\sin(b,c)}{\sin(b,l)}} = \frac{\sin(a,c)\sin(b,l)}{\sin(b,c)\sin(a,l)}$$

同理

$$\frac{AD}{BD} = \frac{\sin(a,d)\sin(b,l)}{\sin(b,d)\sin(a,l)}$$

从而

$$\gamma = (ABCD) = \frac{\sin(a,c)\sin(b,d)}{\sin(b,c)\sin(a,d)}$$

这是一个与截线 l 的取法无关的量。也就是说，对固定的线束 $S(abcd)$，交比 γ 是射影变换下的一种不变量！

下面我们再看看线束的一些有趣的特性。

如图 19.2 所示，今有线束 S 和它在直线 l 上的透视点列 (σ)。从中心 S' 向点列 (σ) 投射，得到线束 S'，用直线 l' 把线束 S' 截断，得出透视点列 (σ')。再从中心 S'' 向点列 (σ') 投射，得到线束 S''，用线直 l'' 把线束 S'' 截断，得出透视点列 (σ'')……很明

显,以上所有的线束和点列,其任意 4 个相应的元素组,总有相同的交比。

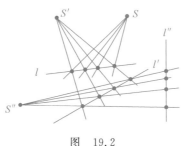

图　19.2

射影变换下交比的不变性,以及以上介绍的投射法和截断法,正是庞斯莱用以研究射影几何学独特理论系统的基础。

让我们看一个令其他几何学无可奈何的有趣问题,是怎样用射影几何学的方法获得了解决。这一具有典型意义的问题是:已知圆锥曲线的 5 个点 A、B、C、D、E,试求该曲线与已知直线 g 的交点。

为方便读者对照掌握,今将求法分述如下。

在圆锥曲线已知的 5 点中,取 A、B 两点作为线束的中心,如图 19.3 所示做关于点 C、D、E 的 3 对对应直线。

线束 A 和线束 B 为已知直线 g 所截断,得到了两个射影点列

$$(C_1, D_1, E_1, \cdots) \text{和} (C_2, D_2, E_2, \cdots)$$

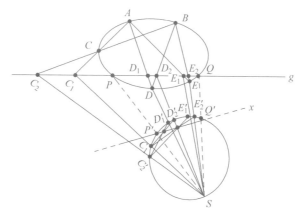

图 19.3

很明显,直线 g 与圆锥曲线的交点 P、Q,即为以上两个点列的相重点。为了求出这两个相重点,我们可以利用一个圆,在圆上取一点 S 为中心,把直线 g 投射到圆上。这样,我们将在圆上得到相应的两个射影点列

$$(C'_1, D'_1, E'_1, \cdots) \text{ 和 } (C'_2, D'_2, E'_2, \cdots)$$

如果我们求得了这两个点列在圆上的相重点 P'、Q',实际上也就求得了直线 g 与圆锥曲线的交点 P、Q。

今取 C'_1、C'_2 作为圆上射影对应的线束中心,并做透视轴 x。显然,透视轴 x 可由以下两对直线的交点决定:

$C'_1 D'_2$ 和 $C'_2 D'_1$;

$C'_1 E'_2$ 和 $C'_2 E'_1$。

透视轴 x 与圆的交点 P'、Q',无疑就是圆上相应二次射影

点列的相重点。从而，由中心 S 把 P'、Q' 投射到直线 g 上，所得到的点 P、Q，必然也是圆锥曲线上相应二次射影点列的相重点。这就是所求的直线 g 与圆锥曲线的交点。

　　亲爱的读者，我想当你看完上面的例子之后，一定会有感于庞斯莱所创立的射影几何理论的精妙之处和重要作用！

二十、别有趣味的圆规几何学

　　读者可能不曾想到,那位南征北战、威名赫赫的法国皇帝拿破仑·波拿巴(Napoleon Bonaparte,1769—1821),竟会是一名数学爱好者。其几何学造诣之深,在古今中外的帝王中,堪称独步!

　　据说拿破仑对于只用圆规的几何作图问题极感兴趣。传闻他曾给当时法国数学家出过一道题目:仅用圆规而不用直尺,请把已知圆周四等分。

　　拿破仑的这道题,如果给定圆的圆心是已知的,就不难做出来。图 20.1 表明了一种作法。

　　在已知圆 $O(r)$ 上任取一点 A。

然后,从 A 点开始,用圆规量半径的方法,依次在圆周上作出 B、C、D 3 点。再作圆 $A(AC)$ 交圆 $D(DB)$ 于 E 点。最后,作圆 $A(OE)$ 交已知圆 $O(r)$ 于 P、Q 两点,则 A、P、D、Q 4 点把圆 O 四等分。

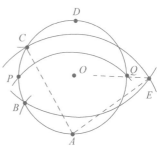

图 20.1

其实,读者不难算出:

$$AE = AC = \sqrt{3}\, r$$

$$OE = \sqrt{AE^2 - AO^2} = \sqrt{3r^2 - r^2} = \sqrt{2}\, r$$

从而 A、P、D、Q 确为圆 O 的四等分点。

不过,对拿破仑的问题,如果已知圆不给出圆心,那就难办多了!虽然很难,但这一定能够做到! 如果读者有耐心读完本节,便会完全明白这一点。

1797 年,意大利几何学家马施罗姆指出,任何一个能用直尺和圆规作出的几何图形,都可以单独用圆规作出。这实际上是在说,直尺是多余的!

的确,如果我们认为所求的直线只要有两点被确定就算得到了,那么上面的说法是对的!

学过平面几何的读者想必都已了解,用直尺和圆规的一切作图,归根到底都是以下 3 个关键作图。

（1）求两圆交点；

（2）求一直线与一个圆的交点；

（3）求两直线交点。

以上 3 条，(1)自然可用圆规完成，关键作法在(2)、(3)两条。为了弄清这一事实，我们先介绍几种可单独用圆规作出的基础作图。

【作图 1】 试单独使用圆规，作点 X 关于直线 AB 的对称点 X'。

作法：见图 20.2。

【作图 2】 在圆心 O 已知的情况下，试单独使用圆规，求圆 O 的弧 $\overset{\frown}{AB}$ 的中点。

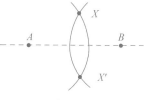

图 20.2

作法：如图 20.3 所示，单独使用圆规作 $\square ABOC$ 及 $\square ABDO$ 并不难。令 $OA=r$，$AB=m$，则在 $\square ABOC$ 中

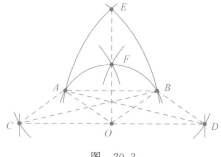

图 20.3

因为 $CB^2 + OA^2 = 2(AB^2 + OB^2)$

所以 $CB^2 + r^2 = 2(m^2 + r^2)$

$$CB^2 = 2m^2 + r^2$$

现作圆 $C(CB)$ 交圆 $D(DA)$ 于 E 点,则

因为 $OE^2 = CE^2 - OC^2 = CB^2 - OC^2$

所以 $OE^2 = 2m^2 + r^2 - m^2 = m^2 + r^2$

再作圆 $C(OE)$ 交圆 $D(OE)$ 于 F 点,则

因为 $OF^2 = CF^2 - OC^2 = OE^2 - OC^2$

所以 $OF^2 = m^2 + r^2 - m^2 = r^2$

从而,F 为圆 O 上的点。又根据图形的对称性知,F 即为 $\overset{\frown}{AB}$ 的中点。

【作图3】 试单独使用圆规,求线段 a、b、c 的第四比例项 x。

作法:我们试作其中最为普遍的一种情况,其余留给读者。

如图 20.4 所示,取定一点 O。作圆 $O(a)$、圆 $O(b)$。在圆 $O(a)$ 上任取一点 M,并求得另一点 N,使弦 $MN = c$。任选一半径 r,作圆 $M(r)$ 和 $N(r)$ 分别交圆 $O(b)$ 于 P、Q 点,并使 OP 与 OQ 中恰有一条位于 $\angle MON$ 内部。易知

$$\triangle OMN \backsim \triangle OPQ$$

从而 $OM : OP = MN : PQ$

即 $a : b = c : x$

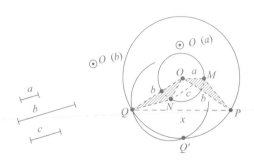

图 20.4

也就是说,弦 PQ 即为所求的第四比例项 x。

现在让我们回到单独使用圆规的另两个关键作图上来。

事实上,单用圆规求一直线与圆的交点,现在已经没有多大困难了。

如图 20.5 所示,利用基础作图 1 的方法,作已知圆 $O(r)$ 的圆心 O 关于直线 AB 的对称点 O'。则圆 $O(r)$ 与圆 $O'(r)$ 的交点 P、Q 即为所求的直线 AB 与已知圆 $O(r)$ 的交点。

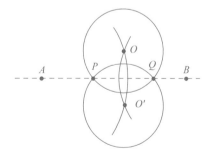

图 20.5

不过,有一种情况似乎例外,即直线 AB 恰过 O 点,此时基础作图 1 的方法失去了作用。然而我们可以如图 20.6 所示,再利用基础作图 2 的方法求出 $\overgroup{MN}$ 的中点 P(和 Q)。不难明白,P、Q 即圆 O 与直线 AB 的交点。也就是说,我们已经解决了关键作图(2)。

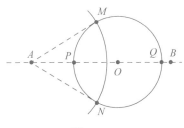

图 20.6

再看看关键作图(3),即如何单用圆规求两直线的交点。实际上,我们可以把它归结为基础作图 3 的方法。

如图 20.7 所示,我们先按基础作图 1 的方法作 C、D 关于

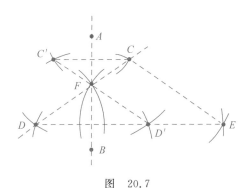

图 20.7

直线 AB 的对称点 C'、D'；然后，再确定点 E，使 $CC'D'E$ 为平行四边形，这是单独用圆规能够做到的。很显然，D、D'、E 3 点共线。

令 CD 与 AB 的交点为 F。我们现在的目的，显然就是需要求出 F 点。

$$因为 \ D'F /\!/ EC$$

$$所以 \ DE : DD' = DC : DF$$

即 $DF = x$ 为 DE、DD'、DC 的第四比例项，因而也能单独使用圆规作出。接下去的任务是求圆 $D(x)$ 和圆 $D'(x)$ 的交点 F，这已经是很容易的事了。

至此，我们已经令人信服地证明了马施罗姆关于"直尺是多余的"结论！

最后还要提到一段有趣的历史。大约在 1928 年，丹麦数学家海姆斯列夫的一个学生，在哥本哈根的一个旧书摊上，偶然发现一本旧书的复制品《欧几里得作图》。该书出版于 1672 年，作者是一位名不见经传的人物 G. 莫尔。令人惊异的是，这本书不仅包含了马施罗姆的结果，而且还给出了一种不同的证明。如果该著作的年代没有被判定错的话，那么，这一事实表明，圆规几何学的历史至少应当向前推移 125 年！

二十一、直尺作图见智慧

在前文我们向读者介绍过,对于可用尺规作图的问题来说,直尺本是多余的!可能有的读者会问,对于同样的作图问题,圆规是否也是多余的呢?换句话说,对于可以用尺规作图的问题,是否单用直尺也能作出呢?

回答是否定的!只要举一个反例就足够了!

给出一个没有圆心的圆,你是无论如何无法单用直尺找出它的圆心来的。不信,你可以试试!

不过,另一个结论更为引人注目。1833 年,瑞士数学家雅各布·施泰纳(Jakob Steiner,1796—1863)证明:任何一种能用圆规和直尺完成的几何作图,都能单独用直尺完成,这只需给定一个有圆心的圆就够了!

要证明施泰纳的结论,也与证明马施罗姆的结论类似,需要解决 3 个关键问题。当然,这时必须以给定一个有圆心的圆为前提。

(1) 求两直线交点;

(2) 求一已知圆与一直线的交点,这里的已知圆已给出圆心及圆上的一点;

(3) 求两圆的交点,这里的两圆,也是给出了它们的圆心及各自圆上的一个点。

关键自然在于(2)、(3)的作图,能否在给定一个有圆心的圆的前提下,单独用直尺实现呢? 如果能够的话,施泰纳定理也就证明了!

施泰纳所提供的证法是精妙无比的。

下面先研究几个在给定一个圆及其圆心的前提下,单独使用直尺的基础作图。

【基础作图 1】 已知直线 l 及线外一点 P,试单用直尺作过 P 点且平行于 l 的直线。

作法:令 A、B 为直线 l 上两点,又 AB 的中点 M 已知。那么,如图 21.1 所示,连接 AP,在 AP 上取一点 S;又连接 SM、SB、PB,令 PB 交 SM 于 T 点;再连接 AT 并延长交 SB 于 Q 点;连接 PQ,则

$$PQ /\!/ l$$

上面结论的证明,由于不太难,而且是一道极好的几何练习,因此就留给读者了。

现在假定在直线 l 上不存在已知中点 M 的线段。那么，我们可以如图 21.2 所示，利用已知圆 O，作过 M 点的直径 LN；很明显，圆心 O 即为直径 LN 的中点；再作另一直径 RS，利用 LON 作 $RX/\!/LN$，$SY/\!/LN$ 并交直线 l 于 X、Y 两点。易知 M 即为线段 XY 的中点。接下去作过 P 点而平行 l 的直线，读者已经熟练掌握了！

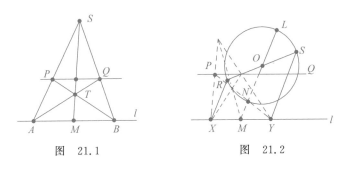

图 21.1   图 21.2

【基础作图 2】 给定已知圆 O，试单用直尺作过 P 点而垂直于已知直线 AB 的直线。

作法：如图 21.3 所示，取给定圆的直径 QQ'；过 Q' 作直线 $Q'R/\!/AB$，并交圆 O 于 R 点；连 QR，显然有 $QR\perp Q'R$。

现在过 P 作 $PC/\!/QR$，则 $PC\perp AB$ 即为所求的垂线。

下面我们回到关键问题（2）和关键问题（3）上来，为了节省篇幅，我们只证明关键问题（2）是可以解决的，而把关键问题（3）的证明省略了。

如图 21.4 所示，设已知直线为 g，已知圆给出了圆心 I 和

圆上的一点 A。显然,我们可以通过基础作图 1 的方法找到圆 I 上 A 的径对点 B;然后再通过基础作图 2 的方法找出圆 I 上的其他 3 个点 C、D、E。这样就有了圆 I 上的 5 个点 A、B、C、D、E,根据"二十、别有趣味的圆规几何学"中的最后一个例子,我们知道,单用直尺是完全可以求出直线 g 与圆 I 的交点 P、Q 的!

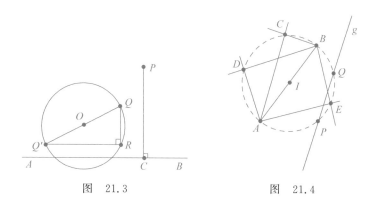

图 21.3   图 21.4

前面说过,对于施泰纳圆来说,给定圆心是至关重要的。可能有的读者依然对此抱有怀疑,甚至认为多试试说不定就能找到巧妙的方法。其实,这样的方法是根本不存在的!这不是猜测,而是科学!

事实上,如果的确存在用直尺求圆心的方法,而且平面 P 上一系列的线条,给出了由圆 K 求圆心 I 的步骤,那么,如图 21.5,此时我们可以在空间任取一点 O,以 O 为中心把平面 P 上的所有线条投影到另一个平面 Q 上来(Q 不平行于 P)。

使得圆 K 在平面 Q 上的投影依然是一个圆 K'（我们有切切实实的办法，选取平面 Q 以保证做到这一点），而其他直线图形则逐个投射为平面 Q 上的直线图形。然而，从图 21.6 可以明显看出，圆 K 的中心 I 的投影点 M，绝不可能再成为圆 K' 的中心，否则便有 $OM/\!/OA$ 或 OB，这显然是荒谬的！

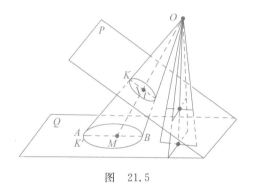

图　21.5

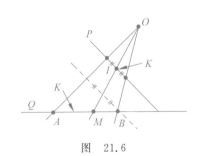

图　21.6

以上结论表明：如果在平面 P 上，单用直尺通过某种作法步骤得到了某圆的圆心，那么，用同样的作法步骤在另一个平面 Q 上得到的，却不是相应圆的圆心。因而，这样的作图方法，其本身是毫无意义的!

现在读者大概已经相信,在尺规作图中,虽然直尺是多余的,但圆规却不能随意去掉。因此单用直尺作图,有时需要很高的智慧。

下面两道直尺作图问题留给读者自行练习。要说明的是,我们限制只用直尺,并非要求严苛,而是通过限制工具来磨炼各自的思维!

趣题 1:给出一个正六边形,试用直尺作出其边长的 $\frac{1}{2}$、$\frac{1}{3}$、$\frac{1}{4}$、$\frac{1}{5}$ 等线段。

趣题 2:已知 AB 为圆的直径,C 为圆内一点,试用直尺作过 C 点而垂直于 AB 的直线。

读者可不要小看这些问题,它们可能要你动不少的脑筋呢!

图 21.7 给出了这两道问题的答案,供读者细细研究。

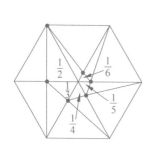 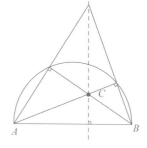

图　21.7

二十二、分割图形的数学

阿凡提是新疆维吾尔族民间的传奇人物,智慧的化身。有一个关于阿凡提巧取银环的故事,在新疆几乎家喻户晓。

一天,财主对雇工说:"我有一串银链,共有 7 个环。你给我做一周的工,我每天付给你一个银环,你愿意吗?"

雇工半信半疑。果然,财主接着又说:"不过,我有一个条件,这串银链是一环扣着一环的,你最多只能断开其中的一个环。如果你无法做到每天取走一个环,那么你将得不到这一周的工钱!"

　　雇工答应试试,但他立即发现事情有点难,于是连忙去找阿凡提替他出主意。果然阿凡提想出了一个巧妙的办法,让财主眼睁睁地看着雇工把一只只银环取走。贪心的财主终于自食其果,搬起石头砸了自己的脚!

　　其实,财主的这道题并不难,无须借助于阿凡提的超人智慧,就是各位读者也完全能够想到以下的办法。即把这串银链的第三个环断开,使它分离为 3 个部分,这 3 个部分的环数分别是:1,2,4,如图 22.1 所示。

双环　　　　单环　　　　　四环

图　22.1

　　这样,雇工第一天可以取走单环,第二天退回单环而取走双环,第三天再取走一个单环,第四天退回单环和双环而取走一串四环,第五天再取走一个单环,第六天退回单环而取走双环,第七天再取走单环。至此,银链上的 7 个环都已到了雇工手上。

　　类似上述故事中的问题,也出现在美国数学游戏专家马丁·加德纳(Martin Gardner,1914—2010)的《啊哈!灵机一动》一书中,只是把"巧取银环"改成"巧断金链"罢了!

　　对于上述问题更为深刻的思考是,在允许割断 m 个环的条件下,最多能处理多长的链条(环数为 n),才能做到在 n 天中,每天恰能取走一个环作为工钱？

为了找出 m 与 n 之间的关系，我们先考虑断开两个环，即 $m=2$ 的情形。显然，此时环链断成了 5 个部分，其中有两部分是单环，可以支付前两天的工钱。为了付第三天的工钱，必须用一串三环去换回两个单环。以上三部分环可够支付前 5 天的工钱，因此第 4 部分应当是六环，同理推出第 5 部分应当是 12 环。即这 5 个部分的环数分别是：1，1，3，6，12，如图 22.2 所示。

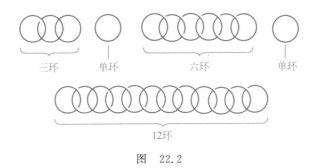

图 22.2

由此得：当 $m=2$ 时，$n=1+1+3+6+12=23$。类似地，当 $m=3$ 时，可求得环链割断成 7 部分的环数如下：

$$1,1,1,4,8,16,32$$

从而 $\qquad n=3+4(2^4-1)=4 \cdot 2^4-1=63$

同理，当允许环链割断 m 个环时，环链被断成的 $2m+1$ 个部分的环数应为

$$\underbrace{1,1,\cdots,1}_{m\text{个}1},m+1,2(m+1),\cdots,2^m(m+1)$$

于是
$$n = m + (m+1)(2^{m+1}-1)$$
$$= (m+1)2^{m+1} - 1$$

这便是断链问题的一般性解答。

现在我们再看一看有关平面剖分的例子,它无疑要比上面的问题复杂很多。1751 年,欧拉曾提出一道有趣的问题:一个平面凸 n 边形,存在多少种用对角线剖分成三角形的办法?

对此,欧拉本人求出了从 D_3 开始的前 7 个剖分数:

$$1,2,5,14,42,132,429$$

图 22.3 画出了 $D_6 = 14$ 的各种剖分情形。

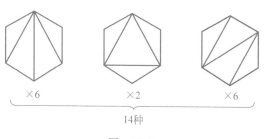

图   22.3

1758 年,数学家西格纳找到了 D_n 的一种递推公式(式中假设 $D_2 = 1$):

$$U_n = D_2 D_{n-1} + D_3 D_{n-2} + D_4 D_{n-3} + \cdots + D_{n-1} D_2$$

利用西格纳的公式,可以一步一步地依次算出各 D_n($n = 3,4,5,\cdots$)的值,只是当 n 很大时计算有点困难罢了!

20 世纪初,数学家乌尔班在计算了

$$\frac{D_3}{D_2}=1, \quad \frac{D_4}{D_2}=2, \quad \frac{D_5}{D_4}=\frac{5}{2}, \quad \frac{D_6}{D_5}=\frac{14}{5}, \cdots$$

之后,惊奇地发现,对他计算过的所有数都有

$$\frac{D_{n+1}}{D_n}=\frac{4n-6}{n}$$

他猜测这应该是一条真理!后来乌尔班果真用一个非常巧妙的办法证实了它。乌尔班的方法说来也不难,关键在于构造了一个函数 $g(x)$:

$$g(x)=D_2x^2+D_3x^3+D_4x^4+\cdots+D_nx^n+\cdots$$

并由西格纳的关系式推知 $g(x)$ 满足二次方程

$$W^2-XW+X^3=0$$

从而求得

$$g(x)=\left(\frac{x}{2}\right)(1-\sqrt{1-4x})$$

上式展开后比较得到

$$D_n=\frac{2\cdot6\cdot10\cdot\cdots\cdot(4n-10)}{1\cdot2\cdot3\cdot\cdots\cdot(n-1)}$$

由此证得

$$\frac{D_{n+1}}{D_n}=\frac{4n-6}{n}$$

用乌尔班的这个公式计算 D_n,就连小学生也能做到。倘若欧拉的在天之灵能够对此有知,想必也会叹为观止!

对于空间的切割,论抽象程度,自属有增无减。下面是一道

很有意义的空间切割问题,刊于美国的《数学双周刊》(1950.9～10),作者就是前面提到过的马丁·加德纳。问题是这样的:

如图 22.4 所示,把一个大立方体,切割成 64 块相同的小立

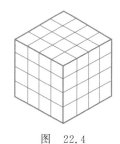

方体,用锯锯开 9 次是容易做到的。不过,如果允许锯前把锯开的各块重新排列的话,那么只需进 6 刀就够了(怎样达到这一点,本身就是一道极好的智力问题)。然而有一点是可以肯定的,进刀数不能再小于 6 了! 这是容易说明的,位于中心部

图 22.4

分的小立方体没有现成的面,它的 6 个面都是过了刀的,而显然我们不可能一刀同时过两个面,由此总进刀数绝不应小于 6。

现在马丁的问题是,一般地,把一个大立方体分切成 n^3 个相同的小立方体,最少要进刀几次呢?

看起来这个问题似乎很复杂,实际上它比平面的欧拉剖分问题更简单。事实上,为了求最少的进刀数,对横截立方体的每条棱,锯开两部分的单位宽度的数量要尽可能地接近对半,然后把锯开的两部分叠合,重复上面的过程,直至锯成各部分都是单位宽度为止。

对 3 条棱都做类似的处理,就会知

道,一般分切 n^3 个立方体所需的最少进刀次数,等于由下式所确定 k 值的 3 倍:

$$2^k \geqslant n > 2^{k-1}$$

例如 $n=4,k=2,3k=6$。这正是前面说过的结论!

关于图形分割的理论五花八门。有时问题虽小,解答却不容易;有时问题虽然貌似复杂,但一语道破,竟异常简单。本节所举的仅是其中几个有趣的例子,作者的目的只是想让读者知道,在数学的百花园中还有这么一块神奇的领地!

二十三、游戏中的逆向推理

有一道近乎游戏的智力题,它曾使许多聪明人深感困惑。问题是这样的:你的两只手各持绳子的一端,绳端不允许离开手,请问,你能否把绳子打出一个普通的结?如图 23.1 所示。

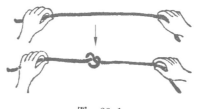

图　23.1

回答是肯定的!不过许多人对此想不通,疑问重重:绳子与人体形成一个闭路,怎会无端端跑出一个结来呢?于是他们面对难题,束手无策。

那么，问题究竟出在哪里呢？原来，人们在思考的时候，总习惯于从原因去寻找结果，而不习惯于从结果去追寻原因。上述智力问题，如果从反向进行推理，其答案几乎是一目了然的！

事实上，手只是连接身体与绳子的工具，身体相当于一条隐蔽的绳子，它通过手与看得见的绳子连成一个系统。既然开始时看得见的绳子上并没有结，而后来却跑出一个结来，说明这个结一定是从隐蔽的绳子上转移出来的。可见，只要原先手和身体之间存在一个结，然后让这个隐蔽的结公开化，变为看得见绳子上的结，那么游戏中出现的结果便是可能的。至于怎样让手交叉起来，使之与身体构成一个隐蔽的结，这已经不是很难的事了！图 23.2 即为这一智力难题的解答。图中公开的绳子上并没有结，而人身体上的隐蔽结，则清晰可见！

图　23.2

另一个智力游戏源于古罗马的一则故事。

古代有一位国王，他有一个漂亮的女儿，名叫约瑟芬。约瑟芬公主正值二八妙龄，且又才华出众，美艳绝伦，引得无数青年小伙子倾慕，求婚者更是络绎不绝。不过，这位美貌公主当时已悄悄地爱上了一位英俊的小伙子乔治。

俗话说，好事多磨。约瑟芬的父亲是一位具有花岗岩般脑袋的君主。他虽然很爱自己的女儿，但却坚持要通过一种传统

的仪式,以确定女儿应该嫁给什么人。

仪式是这样的:先由公主在自己认为合适的求婚者中选出 10 人,然后让 10 名求婚者围着公主站成一圈,接着由公主根据自己的意愿挑选任何一个人作为起点,并按顺时针方向逐个地数到 17(公主的年龄),这第 17 个人必须退出求婚者的圈子,即被淘汰。然后,又接下去从 1 起再数到 17,这被数为第 17 的人又被淘汰,如此下去,直至只剩下一个人为止,这人就应该是公主的丈夫。

怎样才能使得最后留下的是心爱的乔治呢?约瑟芬为此苦苦思索着。她拿了 10 枚金币围成一圈,试了又试,终于想出了办法,如愿以偿了!

亲爱的读者,你知道约瑟芬是怎样悟出了其间的道理吗?我想你一定已经猜到了!原来约瑟芬发现,无论从哪一枚金币开始数,只要每次把第 17 块金币拿掉,那么最后剩下来的一块,就总是最初开始数的第 3 块金币。于是,在仪式中她毅然选择了乔治前的第 2 位作为起点,开始计数。

约瑟芬的问题也叫"计子问题",曾被 16 世纪意大利著名的数学家塔塔里亚改头换面,收集于著作之中。在日本,这类问题称为"继子立",意为若干财产继承人围立一圈,按顺序淘汰一些人而让另一些人继承财产。在欧洲,"计子问题"还以不同的面目出现于各种智力游戏之中,甚至还有相关的专著出版。不过,所有这类问题的解决,都基于反向推理。

反向推理的实质,是从结果出发,一步步往前追溯原因,因而常常成为一些对策游戏的取胜之道。

"抢一百"是我国民间流传很广的儿童游戏,玩法极为简单:两人从 1 开始轮流报数,每人每次至少报一个数,至多报 5 个连续的数,最先报到 100 的人获胜。这个游戏先报数的人只要把握契机必然取胜!事实上,要抢到 100 就必须抢到 94,要抢到 94 就必须抢到 88,要抢到 88 就必须抢到 82……这一系列制胜点的第一个为 4,谁先报到 4,谁就能最后报到 100,所以第一个报数的人只要每次抢报制胜点,便能稳操胜券!

另一种二人对策游戏是在围棋盘上进行的。先走的人可将一枚棋子放在棋盘的最上面一行或最右边一列自己认为适当的格子里。接下去两人轮流走动棋子,走动的方式只能向左、向下或向左下 3 种。如图 23.3 中的黑子只能走入图中的黑方格,走多少格没有规定,但不能不

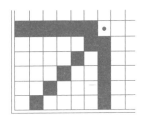

图 23.3

走；谁先把棋子走到左下角便算谁胜。

上述游戏虽然要比"抢一百"复杂许多，但取胜之道是一样的，用的都是逆向推理。图 23.4 中用黑方格标出了所有的制胜点。只要游戏中的一方一旦占领了某个制胜点，此后总有办法次次占领制胜点，直至最后胜利。至于这

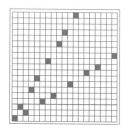

图　23.4

些黑方格是怎么找到的，就留给读者自己去探讨了！顺便提一下，这一游戏与本丛书《未知中的已知》一册里介绍的火柴游戏，完全是异曲同工，只不过是在雷同的抽象本质下，以全然不同的形象，显示在读者面前罢了。

逆向推理是一种重要的思维方法，它用另一种方式沟通了原因和结果之间的联系。读者想必还记得"十三、中国古代的魔方"讲到的"六通"，但可能不知道构成"六通"的 6 根小木块却未必是唯一的！我们今天很难断定当初鲁班让他儿子组装的"六通"是不是本书中的那种样子。那是后人根据组装后的"六通"模样，采用一条条拆除的办法复原得到的。想来当初鲁班也是采用这种办法构造出"六通"的！可以自豪地说，"六通"的发明和复原是我们祖先运用逆向推理的典范！

二十四、想象与现实之间的纽带

在人类无比丰富的想象中,孕育着无数的创造和发明。然而,新的创造意味着它已经超越了具体的经验。在抽象的想象与具体的形象之间,无疑需要一种生动的连接体。各种图形便是这种想象与现实之间最常见的纽带。

我国上海小学生茅嘉凌发明的"穿绳器",在国际发明与新技术展览会上曾引起了观众的极大兴趣,不少人为其奇妙构思而大加赞赏。

那么穿绳器究竟是怎样的一件东西呢?说来也简单,就是为了晒衣服的需要,让绳子跨越高处的横杆。其功能相当于在绳子的一端系上一块重物,然后用力把重物往横杆高处扔,让它带着绳子越过横杆。

　　这个想象中的过程，如果用图来表示大约会是这样的（图 24.1，图中的方形表示有待于发明的器件）：当横杆穿入方形器件时，应有一个特制的窗口打开，让杆进入，进后即闭；而当横杆穿出方形器件时，也应有一个特制的窗口打开，让杆穿出，出后即闭。这时，系在方形器上的绳子显然已经实现了跨越横杆的目的。

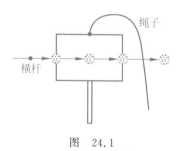

图　24.1

　　14 岁的茅嘉凌运用自己的聪明才智，在想象与现实之间拉起了一条纽带，从而完成了这项发明。图 24.2 所示即茅嘉凌的穿绳器，读者从图中可以看出这一器件的神奇功能。

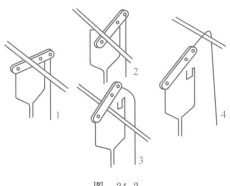

图　24.2

　　穿绳器最终荣获国际发明与新技术Ⅰ类展品的银牌，并由世界知识产权组织授予"最佳青年发明奖"。本书作者有感于中国青少年的无比才智，但愿他们的聪明和智慧，能够得以发光发热。谨以本书充当阶梯，献给千千万万希望自己有所成功的小发明家！